水利工程施工技术的应用探究

王科新　李玉仲　史秀惠　著

U0336564

IC 吉林科学技术出版社

图书在版编目（CIP）数据

水利工程施工技术的应用探究 / 王科新，李玉仲，
史秀惠著. -- 长春：吉林科学技术出版社，2022.8
ISBN 978-7-5578-9449-8

Ⅰ. ①水… Ⅱ. ①王… ②李… ③史… Ⅲ. ①水利工
程－工程施工－研究 Ⅳ. ①TV52

中国版本图书馆 CIP 数据核字(2022)第 113627 号

水利工程施工技术的应用探究

著	王科新　李玉仲　史秀惠
出 版 人	宛　霞
责任编辑	王运哲
封面设计	林忠平
制　　版	北京荣玉印刷有限公司
幅面尺寸	185mm×260mm
开　　本	16
字　　数	280 千字
印　　张	12.125
印　　数	1－1500 册
版　　次	2022年8月第1版
印　　次	2022年8月第1次印刷

出　　版	吉林科学技术出版社
发　　行	吉林科学技术出版社
地　　址	长春市南关区福祉大路5788号出版大厦A座
邮　　编	130118
发行部电话/传真	0431-81629529　81629530　81629531
	81629532　81629533　81629534
储运部电话	0431-86059116
编辑部电话	0431-81629510
印　　刷	廊坊市印艺阁数字科技有限公司

书　　号	ISBN 978-7-5578-9449-8
定　　价	44.00元

编审会

唐凯文　陈露阳

前　言
PREFACE

　　水利工程施工技术是水利水电建筑工程专业、水利工程施工、水利工程监理及水利工程造价等专业的一门主要职业专业能力课程，也是一门综合应用性课程，强调实践性和综合性。其任务是培养人们分析工程条件、施工条件的能力，根据工程实际条件正确拟定、比选施工方案的能力，工程质量检测、控制的能力，施工机械设备选型及组合的能力，正确组织施工的能力。通过对这些能力的训练和培养，使人们具备水利工程各主要工种的实际操作技能，备对水工建筑物及水利工程正确组织施工的技能。

　　尽管在编撰过程中编者做出了巨大的努力,对稿件进行了多次认真的修改,但由于编写经验不足,书中难免存在遗漏或不足之处,敬请广大读者提出宝贵的批评意见及修改建议,不胜感激!

目 录
CONTENTS

第一章　绪论

第一节　水利工程概述

水对于人民生活和工农业生产来说是不可代替的，而水资源又是有限的，为了解决来水和用水之间的矛盾，开发利用水资源，采取工程和非工程措施，对天然河流进行控制和改造，以达到除害兴利的国民经济事业称为水利事业。

自然界可利用的天然径流量的缺乏及其在时间、空间上分布的不均匀性，造成枯水期面临干旱，丰水期面临洪水的局面。为防止洪水泛滥成灾、扩大灌溉面积、充分利用水能发电等，需采取各种工程措施对河流的天然径流进行控制和调节，合理使用和调配水资源。这些措施中，需修建相应的工程建筑物，这些工程统称水利工程。

水利事业的首要任务是除水害，除水害主要是防止洪水泛滥和旱涝成灾，保障广大人民群众的生命财产安全。其次，是利用河水发展灌溉，增加粮食产量，减少旱涝灾害对粮食安全的影响。再次，是利用水力发电、城镇供水、交通航运、旅游、生态恢复和环境保护等。

第二节　水利工程的分类

水利工程是指为控制和调配自然界的地表水和地下水、达到除害兴利目的而修建的工程。可同时为防洪、供水、灌溉、发电等多种目标服务的水利工程，称为综合利用水利工程。修建水利工程，既可以在时间上重新分配水资源，做到防洪补枯，以防止洪涝灾害和发展灌溉、发电、供水、航运等事业，又可以在空间上调配水资源，使水资源与人口和耕地资源的配置趋于合理，以缓解水资源缺乏问题。

水利工程所承担的任务通常不是唯一的，而是具有多种作用和目的，其组成建筑物也是多种多样的，因此，水利工程也称为水利枢纽。按其承担的任务，水利工程主要可分为以下几类。

一、河道整治与防洪工程

河道整治主要是通过整治建筑物和其他措施，防止河道冲蚀、改道或淤积，使河流的外形和演变过程都能满足防洪与兴利等各方面的要求。一般防治洪水的措施是采用"上拦下排，两岸分滞"的工程体系。

"上拦"是防洪的根本措施，不仅可以有效防治洪水，而且可以综合开发利用水土资源。主要包括两个方面：一是在山地丘陵地区进行水土保持，拦截水土，有效地减少地面径流；二是在干、支流的中上游兴建水库拦蓄洪水，使下泄流量不超过下游河道的过流能力。

水库是一种重要的防洪工程。作为一种蓄水工程，水库在汛期可以拦蓄洪水，削减洪峰，保护下游地区安全，拦蓄的水流因水位抬高而获得势能并聚集形成水体，可以用来满足灌溉、发电、航运、供水和养殖等需要。

"下排"就是疏浚河道，修建堤防，提高河道的行洪能力，减轻洪水威胁。虽然这是治标的方法，不能从根本上防治洪水。但是，在"上拦"工程没有完全控制洪水之前，筑堤防洪仍是一种重要的有效的工程措施。同时，要加强汛期堤防的防护、管理及监察等工作，确保安全。

"两岸分滞"是在河道两岸适当位置，修建分洪闸、引洪道、滞洪区等，将超过河道安全泄流量的洪水通过泄洪建筑物分流到该河道下游或其他水系，或者蓄于低洼地区（滞洪区），以保证河道两岸保护区的安全。滞洪区的规划与兴建应根据实际经济发展情况、人口因素、地理情况和国家的需要，由国家统筹安排。为了减少滞洪区的损失，必须做好通信、交通和安全措施等工作，并做好水文预报，只有在万不得已时才运用分洪措施。

二、农田水利工程

农业是国民经济的基础。通过建闸修渠等工程措施，可以形成良好的灌、排系统，调节和改变农田水利状态和地区水利条件，使之符合农业生产发展的需要。农田水利工程一般包括取水工程、输水配电工程和排水工程。

取水工程是指从河流、湖泊、地下水等水资源适时适量地引取水量用于农田灌溉的工程。在河流中引水灌溉时，取水工程一般包括抬高水位的拦河坝（闸）、控制引水的进水闸、排沙用的冲刷闸、沉沙池等。当河流流量较大、水位较高能满足引水灌溉要求时，可以不修建拦河坝（闸）。当河流水位较低又不宜于修建坝（闸）时，可以修建提灌站来提水灌溉。

输水配电工程是指将一定流量的水流输送并配置到田间的建筑物综合体，如各级固定渠道系统及渠道上的涵洞、渡槽、交通桥及分水闸等。

排水工程是指各级排水沟及沟道上的建筑物。其作用是将农田内多余水分排泄到一定范围以外，使农田水分保持适宜状态，满足通气、养料和热状况的要求，以适应农作物的正常生长。

三、水力发电工程

水力发电工程是指将具有巨大能量的水流通过水轮机转化为机械能，再通过发电机将机械能转换为电能的工程措施。

水力发电的两个基本要素是落差和流量。天然河道水流的能量消耗在摩擦、旋滚等作用中。为了能有效地利用天然河道水流的能量，需采用工程措施，修建能集中落差和调节流量的水工建筑物，使水流符合水力发电的要求。在山区常用的水能开发方式是拦河筑坝，形成水库，水库既可以调节径流又可以集中落差。在坡度很陡或有瀑布、急滩、弯道的河段，或者上游不许淹没时，可以沿河岸修建引水建筑物（渠道、隧洞）来集中落差和调节流量，开发利用水能。

四、供水和排水工程

供水是将水从天然水源中取出，经过净化、加压，用管网供给城市、工矿企业等用水部门；排水是排除工矿企业及城市废水、污水和地面雨水。城市供水对水质、水量及供水可靠性要求很高；排水必须符合我国规定的污水排放标准。

我国水资源不足，现有供、排水能力与科技和生产发展以及人民物质文化生活水平的不断提高不相适应，特别是城市供水与排水的要求愈来愈高；水质污染问题也加剧了水资源的供需矛盾，而且恶化环境，破坏生态。

五、航运工程

航运包括船运和筏运（木、竹浮运）。发展航运对物质交流、繁荣市场、促进经济和文化发展是很重要的。它运费低廉，运输量大。内河航运有天然水道（河流、湖泊等）和人工水道（运河、河网、水库、渠化河流等）两种。

利用天然河道通航，必须进行河道疏浚、河床整治、改善河流的弯曲情况、设立航道标志等，建立稳定的航道。当河道通航深度不足时，可以通过拦河建闸、建坝抬高河道水位；或利用水库进行径流调节，改变水库下游的通航条件。人工水道是人们为了改善航运条件开挖的人工运河、河网及渠化河流，可以缩短航程，节约人力、物力、财力。人工水道除可以通航外，还有综合利用的效益，例如，运河可以作为水电站的引水道、灌溉干渠、供水的输水道等。

六、环境水利工程

一些水利专家根据多年工作实践加以理论总结，将人类水利史重新划分成与古代水利、近代水利和现代水利不同的"原始水利""工程水利""资源水利"和"环境水利"四个阶段。

（1）原始水利

原始水利是水资源开发的原始阶段，以解决人类生活生存为主要目的，主要是修堤拦洪、挖渠灌溉，但是拦洪只能拦一小部分洪水，灌溉也只能小范围灌溉。

（2）工程水利

工程水利是水资源开发的初级阶段，其活动集中在修建各类调蓄工程和配套设施，对水资源进行失控调节，实现供水管理。

（3）资源水利

资源水利是水资源开发的中级阶段，主要特征是以宏观经济为基础，通过市场机制和政府行政来合理配置、优化调度控制水资源的利用方式，限制水资源的过度需求，提倡节约用水，提高其利用率，以维持经济的持续增长。

（4）环境水利

环境水利既解决与水利工程有关的环境问题，也解决与环境有关的水利问题，在水资源的利用已接近水资源的承载力时，人类对水资源的影响和改造最为活跃，需加强水资源和水环境的保护，以保障社会经济发展的用水需求和水资源的可持续利用。

早年，我国提出工程水利转变为环境水利、生态水利的战略思想，把水利建设的立足点放到环境水利上，以生态环境的动态评价为准则，促进当代水利科学有一个新发展。

环境工程技术是指人类基于对生态系统的认知，为实现生物多样性保护及可持续发展，所采取的以生态为基础，安全为导向，对生态系统损伤最小的可持续系统工程的总称。

水利工程还包括保护和增进渔业生产的渔业水利工程；围海造田，满足工农业生产或交通运输需要的海涂围垦工程等。

第三节　我国的水利水电建设成就

一、古代水利工程建设成就

几千年来，广大劳动人民为开发水利资源，治理洪水灾害，发展农田灌溉，进行长期的大量的水利工程建设，积累了宝贵的经验，建成一批成功的水利工程。大禹用堵疏结合的办法治水获得成功，并有"三过家门而不入"的佳话流传于世。

我国古代建设的水利工程很多，下面主要介绍几个典型的工程。

（一）都江堰灌溉工程

都江堰坐落在四川省都江堰市的岷江上，是世界上历史最长的无坝引水工程。公元前250年，由秦国蜀郡太守李冰父子主持兴建，历经各朝代维修和管理，工程主体现基本保持历史原貌；虽历经2000多年的使用，至今仍是我国灌溉面积最大的灌区，灌溉面积达70.7万hm^2。

都江堰巧妙地利用岷江出山口处的地形和水势，因势利导，使堤防、分水、泄洪、排沙相互依存，共为一体，孕育了举世闻名的"天府之国"。枢纽主要由鱼嘴、飞沙堰、宝瓶口、金刚堤及人字堤等组成。鱼嘴将岷江分成内江和外江，合理导流分水，并促成河床稳定。飞沙堰是内江向外江溢洪排沙的坝式建筑物，洪水期泄洪排沙，枯水期挡水，保证宝瓶口取水流量。

宝瓶口形如瓶颈，是人工开凿的窄深型引水口，既能引水，又能控制水量。处于河道凹岸的下方，符合无坝取水的弯道环流原理，引水不引沙。2000多年来，工程发挥了极大的社会效益和经济效益，史书上记载，"水旱从入，不知饥馑，时无荒年，天下谓之天府也"。新中国成立后，对都江堰灌区进行了维修、改建，增加一些闸坝和堤防，扩大了灌区的面积，现正朝着可持续发展的特大型现代化灌区迈进。

（二）灵渠

灵渠位于广西兴安县城东南，建于公元前214年。灵渠沟通了珠江和长江两大水系，成为当时南北航运的重要通道。灵渠由大天平、小天平、南渠、北渠等建筑物组成，大、小天平为高3.9m，长近500m的拦河坝，用以抬高湘江水位，使江水流入南渠、北渠（漓江），多余洪水从大小天平顶部溢流进入湘江原河道。大小天平用鱼鳞石结构砌筑，抗冲性能好。整个工程顺势而建，至今保存完好。灵渠与都江堰一南一北，异曲同工，相互媲美。

另外，还有陕西引泾水的郑国渠，安徽寿县境内的芍陂灌溉工程，引黄河水的秦渠、汉渠，河北的引漳十二渠等。这些古老的水利工程都取得过良好的社会效益和巨大的经济效益，有些工程至今仍在发挥作用。

在水能利用方面，自汉晋时期开始，劳动人民就已开始用水作为动力，带动水车、水碾、水磨等，用以浇灌农田、碾米、磨面等。但是，由于我国长期处于封建社会，特别是近代以来，遭受帝国主义、封建主义、官僚资本主义的三重剥削和压迫，以及贫穷、技术落后等原因，丰富的水资源没有得到较好的开发利用，而水旱灾害时常威胁着广大劳动人民的生命、财产安全，我国的水利水电事业发展非常缓慢。

二、新中国水利工程建设成就

新中国成立以来，我国的水利事业建设得到了迅猛发展，水利水电科学技术水平也得到迅速发展和提高，跨入了世界先进水平行列。

新中国成立后，水利水电建设方面取得的主要成绩有以下几个方面。

（一）整治大江大河，提高防洪能力

在大江大河中，长江是我国第一黄金水道。但是，自1921年以来，长江共发生大洪水11次，其中，1931年和1954年最为严重。新中国成立后，整治加固荆江大堤等中下游江堤3750km，修建荆江分洪区等分洪、蓄洪工程，下游荆江段河道裁弯工程，在长江中上游的支流上修建了安康、黄龙滩、丹江口、王甫洲、东风、乌江渡、龚嘴、铜街子、五强溪、凤滩、东江、江垭、安康、古洞口、隔河岩、高坝洲及二滩等大中型工程，干流上有葛洲坝、三峡工程。三峡工程在治理长江方面起到不可替代的作用。以前，长江防洪险区为湖北枝城到湖南城陵矶长337km的荆江大堤，其防洪能力不到10年一遇。1998年长江发生全流域的洪水后，我国进一步加大了长江堤防的投资，大大增强了长江的防洪能力，千军万马守大堤的情况将进一步减少。现在标准提高到10年一遇。再加上三峡工程的投入使用，汛期水库运用库容拦截洪水，可使荆江大堤防洪标准达到100年一遇。

黄河是我国的母亲河。但是，黄河水患更甚于长江。自公元前602年至1938年的2000多年间，黄河下游决口有543年，并多次改道。新中国成立后，整治堤防2127km，修建东平湖分洪工程和北金堤分（滞）洪工程，在干流上修建了龙羊峡、李家峡、刘家峡、青铜峡、盐锅峡、万家寨、天桥、三门峡、陆浑、伊河、故县（洛河）以及小浪底等工程，使干堤防洪标准提高到60年一遇。

淮河流域修建了淮北大堤、三河闸、二河闸等排洪工程和佛子岭、梅山、响洪

甸、磨子潭等5332座大中小型水库，其干流标准提高到40～50年一遇。人工修建的淮河入海道的修通，为提高淮河的防汛能力起到了关键性的作用。

（二）修建了一大批大中型水电工程

新中国成立60多年来，我国水电建设迅猛发展，工程规模不断扩大。代表性的工程中，20世纪50年代有浙江新安江水电站、湖南资水柘溪水电站、甘肃黄河盐锅峡水电站、广东新丰江水电站、安徽梅山水电站等；60年代有甘肃黄河刘家峡水电站、湖北汉江丹江口水电站、河南黄河三门峡水电站等；70年代有湖北长江葛洲坝水电站、贵州乌江渡水电站、四川大渡河龚嘴水电站、湖南酉水凤滩水电站、甘肃白龙江碧口水电站等；80年代有青海黄河龙羊峡水电站、河北滦河潘家口工程、吉林松花江白山水电站等；90年代有湖南沅水五强溪水电站、广西红水河岩滩水电站、湖北清江隔河岩水电站、青海黄河李家峡水电站、福建闽江水口水电站、云南澜沧江漫湾水电站、贵州乌江东风水电站、四川雅砻江二滩水电站、广西和贵州南盘江天生桥一级水电站等；21世纪有三峡水电站、小浪底水电站、大朝山水电站、棉花滩水电站、龙滩水电站、水布垭水电站等。

（三）修建了一大批农田水利工程

著名的大型灌区有：四川都江堰灌区（70.7万hm^2）、内蒙古河套灌区（57.43万hm^2）、安徽棵史杭灌区（68.43万hm^2）、宝鸡陕引渭灌区（19.54万hm^2）、新疆（石河子）玛纳斯河灌区（20.01万hm^2）、河南人民胜利渠灌区（3.67万hm^2）、湖南韶山灌区（6.67万hm^2）。

（四）对我国水资源进行普查及保护

在中华人民共和国国务院统一安排下，各地有关部门对水资源进行了普查，取得了水资源初步评价、水利区划、水资源综合利用等成果，对水资源的利用和规划提供了科学依据。我国还制定了水法，为保护和合理利用水资源提供了法律依据。

（五）设计、施工水平不断提高

半个世纪以来，我国的坝工技术得到了高度发展。已建成的大坝坝型有实体重力坝、宽缝重力坝、空腹重力坝、重力拱坝、拱坝、双曲拱坝、连拱坝、平板坝、大头坝及土石坝等多种坝型，建成了大量100～150m高度的混凝土坝和土石坝，进行了200～300m量级的高坝的研究、设计和建设工作。

贵州乌江渡重力拱坝成功地建于岩溶地区。广东泉水薄拱坝，坝高80.0m，厚高比仅0.114。湖北西北口水电站为我国第一座面板堆石坝（坝高95m）。凤滩空腹重力拱坝是世界同类坝型中最高的一座。四川二滩双曲拱坝（坝高240m）是我国目前建成的最高拱坝，居世界第九位。葛洲坝工程的三线船闸、举世闻名的三峡工程的双线五级船闸多项技术为世界领先技术，充分反映了我国坝工技术的先进水平。

计算机的引入，使坝工建设更加科学，更加精确，更加安全。计算机辅助设计（CAD）技术显著降低了设计人员的劳动强度，提高了设计水平，大大缩短了设计周期。计算技术从线性问题向非线性问题发展，弹塑性理论使结构分析更符合实际，大坝计算机仿真模拟、可靠度设计理论、拱坝体形优化设计理论和智能化程序等，使大坝设计更安全、更经济、更快捷。

在泄水消能方面，我国首创了重力坝宽尾墩消能工，并进一步将其发展到与挑流、底流相结合，改善消能效果，增加单宽流量。拱坝采用多层布置、分散落点、分区消能，有效解决了狭窄河谷内大泄量消能防冲问题。此外，窄缝消能工、阶梯式溢流面消能工、异型挑坎、洞内孔板消能工等不同形式的消能工应用于不同的工程，以适应不同的地质、地形条件和枢纽布置。

施工方面，碾压混凝土坝、面板堆石坝、预裂爆破、定向爆破、喷锚支护、过水土石围堰、高压劈裂灌浆地基处理、高边坡处理、隧洞一次成型技术等新坝型、新技术、新工艺标志着我国坝工建设的发展成就。特别是葛洲坝大江截流，截流流量4400m^3/s，历时36.53h，是我国水电建设的一大壮举。二滩水电站双曲拱坝年浇筑混凝土$1.52 \times 10^6 m^3$，月浇筑$1.63 \times 10^5 m^3$，达到了狭窄河谷薄拱坝混凝土浇筑的世界先进水平。

我国水利建设从重点开发开始走向系统地综合开发，例如，黄河梯级工程、三峡工程、南水北调工程等重大工程项目的计划和实施，使我国水利事业提高到一个新水平。

第四节　水利工程建设与基础学科的发展

水利工程建设的发展推动了研究利用水资源来满足国民经济发展需要和防止水害的科学的发展。20世纪以来，在现代工业和科学技术迅速发展的推动下，特别是混凝土等新材料的应用以及施工机械和施工方法的进步，使水利科学进入一个新阶段。水利科学成为一门相对独立的综合性科学，在学科体系上包括基础学科（数学、物理学、地理学等），专业基础学科（水文学、河流动力学、固体力学、土力学、岩石力学等），专业学科（水资源综合利用、水工学、河工学、灌溉与排水、水力发电、航道与港口、水土保持、城镇给排水等）。水利工程学研究的领域极广，它包括水资源及其状况和水利工程设计、施工、管理等方面的问题，是为水利工程建设服务的。

本节仅对几门专业基础学科加以说明，为读者提供学习和解决问题的引线。

一、水利工程建设与工程力学

（一）工程力学的性质、任务和内容

工程力学是研究工程结构的受力分析、承载能力的基本原理和方法的科学。工程力学是工程技术人员从事结构设计和施工必须具备的理论基础。

在水利工程建设、房屋建筑和道路桥梁等各种工程的设计和施工中都要涉及工程力学问题。为了承受一定荷载以满足各种使用要求，需要建造不同的建筑物，如水利工程中的水闸、水坝、水电站、渡槽、桥梁及隧洞等。

工程力学的研究对象是杆件结构和二维平面实体结构。任务包括：研究结构的组成规律、合理形式以及结构计算简图的合理选择；研究结构内力和变形的计算方法以便进行结构强度和刚度的验算；研究结构的稳定性。

工程实际中，建筑物的主要作用是承受荷载和传递荷载。由于荷载的作用，组成建筑物的构件产生变形，并且存在着发生破坏的可能性。而构件本身具有一定的抵抗变形和破坏的能力，这种能力称为承载能力。构件承载能力的大小与构件的材料性质、几何形状和尺寸、受力性质、构件条件和构件情况有关。构件所受的荷载与构件本身的承载能力是矛盾的两个方面。因此，在结构设计中利用力学知识，既要对荷载进行分析和计算，也要对构件承载能力进行分析与计算，这种计算表现为三个方面：强度、刚度和稳定性。因为水工建筑物构件所用材料多为钢筋混凝土或混凝土，所以工程结构设计的任务就是研究钢筋混凝土或混凝土结构构件的设计计算问题，根据各种钢筋混凝土或混凝土构件的受力特点，结合材料的特性，研究各类构件的强度、刚度、裂缝的计算及配筋和构造知识。

（二）工程力学在水利工程建设中的发展

工程力学在水工设计中是不可缺少的，它主要解决建筑物本身的可靠性，以及进行稳定、强度、变形校核，以确定截面尺寸及配筋和抗裂、限裂的要求。

工程力学和工程结构是在生产实践和科学实验的基础上发展起来的，我国古代劳动人民在房屋建筑、桥梁工程和水工建筑方面取得了辉煌成就。如赵州桥、都江堰水利工程等。古代的工程结构，主要是根据实践经验和估算建造的，长期的建筑实践为工程力学和工程结构的建立和发展奠定了基础，并随着社会的进步而不断改善和提高。

由于国际上岩土力学、混凝土力学、流体力学以及有关数值方法的发展，水工结构学科的力学基础有了很大的进步，为更深入地了解水工建筑物（如大坝）工作性态和破坏机制提供了研究手段。尽管我国在以往的工程实践和研究中积累了大量的理论成果和丰富的实践经验，许多技术处于世界领先水平，但我国水工结构学科的基础研究仍有待提高。

二、水利工程建设与水力学

（一）水力学的性质、任务和内容

水力学是研究以水为代表的平衡和机械运动的规律及其应用的一门学科，是力学的一个分支，属于应用力学的范畴。

水力学在工农业生产的许多部门，如农田水利、水力发电、航运、交通、建筑、石油、化工等都有应用。针对不同的专门问题，水力学学科又形成了工程水力学、计算水力学、生态环境水力学及冰水力学等。

水力学是在人类与水、旱灾害作斗争的过程中发展起来的，并随着水利工程的发展而发展，在水利水电工程建设中发挥着重要作用。

水力学所研究的基本规律分为水静力学和水动力学两大部分。水静力学研究液体在平衡或静止状态下的力学规律；水动力学研究液体在运动状态下的力学规律。利用这些规律可解决许多实际工程问题。水利工程中的水力学问题归纳起来有以下几方面。

1. 水对水工建筑物的作用力问题

确定水工建筑物，如坝身、闸门及管壁上的静水压力、动水压力以及透水地基中的渗透压力等，为分析建筑物的稳定性提供依据。静水压力是静止液体对与之相邻的接触面所作用的压力，受压面单位面积上的静水压力称为静水压强。动水压力是液体在流动时，对与之相邻的接触面所作用的压力，受压面单位面积上的动水压力称为动水压强。

2. 水工建筑物的过水能力问题

主要是研究输水和泄水建筑物以及给排水管道、渠道的过水能力，为合理确定建筑物的形式和断面尺寸提供依据。

3. 水流流动形态问题

研究和改善水流通过河渠、水工建筑物及其附近的水流形态，为合理布置建筑物，保证其正常运用和充分发挥效益提供依据。如河道、渠道、溢洪道和陡坡中的水面曲线问题。如为了确定溢洪道陡槽的边墙高度，需要推算出陡槽中的水面曲线。

4．水能利用和水能消耗问题

分析水流能量损失规律，研究充分利用水流有效能的方式、方法和高效率消除高速水流中多余有害动能的消能防冲措施。如溢流坝、溢洪道、水闸下游的消能问题。消能就是采取一定措施，消耗下泄水流的部分动能，以减轻水流对下游河床和岸坡的冲刷作用。

5．水工建筑物中渗流问题

如混凝土坝、土坝、水闸渗流、渠道渗漏及布设井群进行基坑排水等。渗流又可分为有压渗流和无压渗流两类。

（1）有压渗流

在透水地基上修建闸、坝、河岸溢洪道等水工建筑物后，使上游水位抬高，在上下游水位差的作用下建筑物透水地基中产生渗流，这种渗流因受建筑物基础的限制，一般无自由表面，故称为有压渗流。

（2）无压渗流

在很多情况下，如土坝坝身的渗流，水井的渗流等，这种渗流像地面明渠水流一样，水面可自由升高和降落，有一自由表面，水面各点的压强就是大气压强，这种渗流称为无压渗流。无压渗流的计算可以确定浸润线，为土坝设计提供依据。

当然，在实际中所遇到的水力学问题不止上述内容，需要解决的问题还很多，如掺气与气蚀，冲击波与冲击力以及江、河、湖、海水面的波浪运动以及力学模型试验等。此外，水利工程中还会遇到某些特殊水力学问题，如空蚀问题、掺气问题、挟沙水流问题以及污染扩散、冰压力等问题。

（二）水力学在水工建设中的发展

水利事业的发展带动了水力学学科的发展，水力学理论的研究和发展为水利水电工程建设发挥了重要的作用。人类在治河防洪的千百年来的生产实践中不断地积累经验，使人们对水流运动的规律逐渐从不了解到了解，并逐步懂得了如何利用这些规律解决工程实际问题。由汉朝的"不与水争地"到明朝的"筑堤束水"，"以水攻沙"，从而得到"沙刷则河深"的认识，反映了古代人民对泥沙运动认识已经有了很高水平。古代劳动人民兴建了都江堰、郑国渠等著名的水利工程，都是正确运用水流运动规律的结果。中华人民共和国成立后，我国大量的水利工程建设推动了水力学的发展和研究。我国治淮、治黄、长江规划、水力发电工程、大型灌溉工程、长江三峡等水利工程中的复杂水力学问题，如大、中、小型工程的下游消能问题，高水头水工建筑物水力学问题，泥沙异重问题等的研究和解决，使水力学的研究达到一个新的水平，促进了水利事业的发展，使水工建设的水平达到新的高度。

水工建设中水工设计、规划、施工、管理都离不开水力学问题。如设计水工建筑物水闸时，只有通过水力设计，才可确定闸孔的尺寸和下游的消能防冲措施的构造、尺寸。通过对葛洲坝、三峡工程水力学问题的研究和解决，进一步提高了我国水工规划、设计、施工、管理的水平和能力。

三、水利工程建设与土力学

（一）土力学的性质、任务和内容

土力学是以力学为基础，结合土工试验来研究土的强度和变形及其规律的一门技术科学，主要任务是正确反映和预测土的力学性质，确定各类工程的土体在各种复杂环境下的变形和强度稳定性的需要。

由于土是一种复杂的多相体系，研究时要考虑各种因素对变形和稳定的影响。例如，土体饱和程度的变化，物理状态的变化，渗流和孔隙压力的存在，土与结构的相互作用、温度、时间、湿度等。这就引出了土力学学科与土体的强度理论、固结理论、土压力理论、边坡理论和地基承载力理论等的关系。土力学在不同的工程领域中都有应用，如水利、交通、建筑、水运、石油、采矿、环境等。随着科学的发展，土力学的研究领域也在不断扩大，如冻土力学，岩土工程中的水文地质灾害成因、预报和防治等，它将在工程建设中解决复杂的工程问题。

土力学是利用力学知识和土工试验技术来研究土的强度、变形及规律性的一门学科。一般认为，土力学是力学的一个分支，但由于它研究的对象土是以矿物颗粒组成骨架的松散颗粒集合体，其力学性质与一般刚性或弹性固体、流体等都有所不同。因此，一般连续体的力学规律，在土力学中应结合土的特殊情况作具体应用。此外，还要用专门的土工试验技术来研究土的物理力学性质。土力学的研究内容主要有以下几个方面。

土的物理力学性质、土工试验的基本原理和操作方法。主要包括土的物理性质及指标、力学性质及指标以及土的工程分类。土的力学性质主要是指土的抗剪强度、土的渗透性、土的压缩性及土的压实性。

土体在承受荷载和自重作用下的应力计算和应力分布，以及对周围环境的影响，土体的变形和稳定性。

建筑物设计中有关土力学内容的计算方法，包括地基承载力，土坡的稳定性，挡土结构土压力，基础设计等。

（二）土力学在水工建设中的发展

在工程建设中，特别是在水利工程建设中，土被广泛用作各种建筑物的地基、材料和周围介质。当在土层上修建房屋、堤坝、涵闸、渡槽、桥梁等建筑物时，土被用作地基。当修建土坝、土堤和路基等土木建筑物时，土还被用作填筑材料（土料）。当在土层中修建涵洞及渠道时，土又成为建筑物的周围介质。

在工程建设中，勘测、设计、施工都与土有联系，自然就离不开土力学的基本知识。

1. 勘测阶段

该阶段要为设计收集资料，因此，必须根据土的多样性、复杂性特点，了解土的物理力学性质，重视土的工程地质勘探，取样和土工试验工作，充分研究土的类别、性质和状态，针对具体工程进行分析，区别利用。部分工程因在此阶段对地基或填土的基本资料分析研究得不够而造成浪费或工程事故。

2. 设计阶段

水工建筑物设计的基本理论，有许多基于土力学的知识，如设计土坝，需要选择土料和坝型，土坝的断面形式、尺寸是否合适，坝坡能否产生滑动，土坝的坝基及下游是否产生渗透变形。又如，水闸的地基是否稳定，沉降量是否过大，挡土结构在土的压力作用下是否稳定等。总之，在水工稳定性分析及结构设计中都离不开土力学的基本理论和方法。只有依据这些理论和方法，才能确定经济安全的建筑物合理形式和断面尺寸。

3. 施工、管理运用阶段

在土坝的施工中要用碾压方法压实填土，而碾压质量控制和施工要求都与土的压实性有关。在施工中运用时要充分了解和掌握土的易变性特点，即土的性质易随外界的温度、湿度、压力等的变化而发生变化。注意加强观测，及时采取有力措施，以保证建筑物的安全。

土力学是一门既古老又新兴的学科，由于生产的发展和生活上的需要，人类很早就已懂得广泛利用土进行工程建设。近四十年来，由于生产建设的发展和需要，土力学的领域又有了明显的扩大，如土动力学、冻土力学、海洋土力学、环境土力学、地基加固的方法与理论等。

四、水利工程建设与工程水文学

（一）工程水文学的性质、任务和内容

水文学和水资源学是水资源可持续利用的科学基础，是水利类专业技术基础课。它为水利工程设计和管理提供基本水文知识和水利计算方法。水文学是研究地球上水的时空分布与运动规律，并应用于水资源开发利用与保护的科学，水资源学是水文学在水文循环领域的延伸。

水文学的学习是要求学生了解水文测验的一般方法，能收集水文计算与径流调节所需的基本资料；初步掌握水文计算与径流调节的基本原理和主要方法；能从事中小型水利水电工程规划设计的水文计算及以灌溉为主的水库径流调节计算和一般调洪计算。为进行方案比较，进一步确定工程规模和运行管理提供水文依据。

地球上的降水与蒸发、水位与流量、含沙量等水文要素，在年际及年内不同时期，因受气候、下垫面、人类经济活动等因素的影响，而进行复杂的变化，这些变化的现象称为水文现象。经过对水文要素长期的观测和资料分析，发现水文现象具有不重复性、地区性和周期性等特点。

不重复性是指水文现象无论什么时候都不会完全重复出现。如河流某一年的流量变化过程，不可能与其他任何一年的流量变化过程完全一致，它们在时间上、数量上都不会完全重复出现。

地区性是指水文现象随地区而异，每个地区都有各自的特殊性。但气候及下垫面因素较为相似的地区，水文现象则具有某种相似性，在地区上的分布也有一定的规律。例如，我国南方湿润地区多雨，降水在各季的分布也较为均匀；而北方干旱地区少雨，降水集中在夏秋两季。因此，集水面积相似的河流，年径流量南方的就比北方的大；年内各月径流的变化，南方也较北方均匀些。

周期性是指水文现象具有周期地循环变化的性质。例如，每年河流出现最大和最小流量的具体时间虽不固定，但最大流量都发生在每年多雨的汛期，而最小流量则出现在少雨或无雨的枯水期，这是因为影响河川径流的主要气候因素有季节性变化的结果。同样，因为气候因素在年与年之间也存在周期性的变化，所以枯水年也呈现周期性的循环变化。

因水文现象具有不重复性的特点，故需年复一年地对水文现象进行长期的观测，积累水文资料，进行水文统计，分析其变化规律。由于水文现象具有地区性的特点，故在同一地区，只需选择一些有代表性的河流设站观测，然后将其观测资料进行综合分析后，应用到相似地区即可。为了弥补资料年限的不足，还应对历史上和近期

出现过的大暴雨、大洪水及枯水，进行定性和定量的调查，以全面了解和分析水文现象周期性变化的规律。

工程水文学包括水文计算、水利计算和水文预报等内容。水文计算的任务是在工程规划设计阶段确定工程的规模。规模过大，造成工程投资上的浪费；规模过小，又使水资源不能被充分利用。在工程施工阶段，需要提供一定时期的水文预报。而在管理运营阶段，工程水文学的主要任务是使建成的工程充分发挥作用，因此，需要一定时期的水文情况，以便确定最经济合理的调度方案。

（二）工程水文学在水工建设中的发展

水文学经历了由萌芽到成熟、由定性到定量、由经验到理论的发展过程。我国的水文知识在古代是居于世界领先地位的。如宋秦九韶在《数书九章》中记有当时我国都有天池盆测雨量及测雪量的计算方法。《吕氏春秋》最先提出水文循环，至今尚为世界学术界所称道。

近年来，城市建设、动力开发、交通运输、工农业用水和防洪等水利工程建设的发展，促进了水文科学的迅速发展。水文站网不断扩大，实测资料积累丰富，为水文分析研究提供了前所未有的条件，应用水文学取得了许多新的进展。随着电子计算技术的发展，出现了水文数学模型，为水文科学的进一步发展开创了新途径。

第二章　水资源开发利用

第一节　水资源概况

一、世界水资源概况

人类社会需要多种资源，水是其中最重要的自然资源。水资源以气态、固态和液态三种基本形态存在于自然界之中，分布极其广泛。

地球上的水量是极其丰富的，其总储水量约为$1.386\times10^9km^3$，但地球水圈内水量的分布是极不均匀的，地球上约有96.5%的水是海水。宽广的海洋覆盖了地球表面积的70%以上，但海水是含有大量矿物盐类的"咸水"，不易被人类直接使用。人类生命活动和生产活动所必需的淡水水量有限，不足总水量的3%，其中，还有约3/4的淡水以冰川、冰帽的形式存在于南、北极地和人类难以生存的高山上，人类很难使用。与人类关系最密切又较易开发利用的淡水储量约为$4.00\times10^6km^3$，仅占地球总水量的0.3%，而且在时空上的分布又很不均衡。

联合国教科文组织（UNESCO）和世界气象组织（WMO）共同制定了《水资源评价活动——中国评价手册》，将水资源定义为"可以利用或有可能被利用的资源，具有足够的数量和可用的质量，并在某一地点为满足某种用途可被利用"。由此可见，对人类生产和生活有利用意义的水是河川总径流，包括地表河川径流和地下水径流，全球这部分水量约为$3.883\times10^{12}m^3$。水不仅是维持地球上一切生命的必需资源，而且还是人类社会发展的至关因素。

（一）水资源的特点

水资源是在水循环背景上、随时空变化的动态自然资源。水资源又与其他自然资源不同。

（二）水资源开发利用的特点。

1．可恢复性与有限性

地球上存在着复杂的、以年为周期的水循环，当年水资源的耗用或流失可被来年的大气降水补给。这种资源消耗和补给间的循环性，使得水资源不同于矿产资源，因此，水资源具有可恢复性，是一种可再生性自然资源。

就特定区域一定时段（年）而言，年降水量有一定的变化，但这种变化总是有个限值。这就决定了区域年水资源量的有限性。水资源的超量开发消耗，或动用区域地表、地下水的静态储量，必然造成超量部分难以恢复，甚至不可恢复，从而破坏自然生态环境的平衡。就多年均衡意义讲，水资源的平均年耗用量不得超过区域的多年平均资源量。无限的水循环和有限的大气降水补给，决定了区域水资源量的可恢复性和有限性。

2．时空变化的不均匀性

水资源时间变化的不均匀性，表现为水资源量年际、年内变化幅度很大。区域年降水量因天气条件、气团运行等多种因素影响，呈随机性变化，使得丰、枯年水资源量相差悬殊，丰、枯年交替出现，或连旱、连涝持续出现都是可能的。水资源的年内变化也很不均匀，汛期水量集中，不便利用；枯季水量锐减，又满足不了需水要求，而且各年年内变化的情况也各不相同。水资源量的时程变化与需水量的时程变化的不一致性，是另一种意义上的时间变化不均匀性。

水资源空间变化的不均匀性，表现为水资源量和地表蒸发量因地带性变化而分布不均匀。水资源的补给来源为大气降水，多年平均年降水量的地带性变化，基本上决定了水资源量在地区分布上的不均匀性。水资源地区分布的不均匀，使得各地区在水资源开发利用条件上存在巨大的差别。水资源的地区分布与人口、土地资源的地区分布的不一致，是另一种意义上的空间变化不均匀性。

水资源时空变化的不均匀性，使得水资源的利用要采取各种工程的和非工程的措施，或跨地区调水，或调节水量的时程分配，或抬高天然水位，或制定水量调度方案等，以满足人类生活、生产和生态环境的需求。

（二）水资源开发利用的两面性和多功能特点

水资源随时间变化不均匀，汛期水量过度集中造成洪涝灾害，枯期水量枯竭造成旱灾。因此，水资源的开发利用不仅是增加供水量，满足需水要求，而且还有治理洪游、旱灾、渍害问题，即包括兴水利和除水害两个方面。

水可用于灌溉、发电、供水、航运、养殖、旅游及净化水环境等各个方面，水的广泛用途决定了水资源开发利用的多功能特点。这种多功能特点表现在水资源利用上，就是一水多用和综合利用。

二、我国水资源概况

我国江河众多，河流总长达 4.3×10^5 km。流域面积在 100km² 以上的河流有 5 万多条；在 1000km² 以上的有 1580 多条；超过 10000km² 的大江大河有 79 条。长度在 1000km 以上的河流有 20 多条。长江、黄河分别为我国的第一、第二大河。我国的河流有以下特点：

第一，除西南部有几条河流向南流以外，多数河流由西向东流入太平洋。

第二，流域面积广袤，但分布不均。绝大部分河流分布在东南的外流流域，总面积占国土面积的 2/3；少数分布在内流流域，总面积占国土面积的 1/3。

第三，江河上游多奔流于高山峡谷中，落差大，水流急，蕴藏着丰富的水力资源；中下游多贯穿在广阔的平原上，河宽水缓，利于灌溉、渔业和通航。

第四，北方河流尤其是黄河含沙量大，流域水土流失严重。

第五，大多数由降雨直接补给，有的河流是融雪、地下水及雨水混合补给。

由河流的干流、支流、人工水道、水库、湖泊、沼泽、地下暗河等组成的彼此连通的系统称为水系。我国的水系常指流域，并通常以干流或一级支流的河名作为水系的名称。其中，最重要的七大水系是松花江、辽河、海河、黄河、淮河、长江和珠江。我国的河流是最主要的淡水水源，也提供了丰富的水能资源和航运条件。

在山区，河流常常在峡谷和川地间穿行，急弯卡口众多，如黄河上游河段、长江三峡河段均以此闻名。在平原区，河流有四种类型：①顺直型，但其主流仍然是弯曲流动；②蜿蜒型，如长江的荆江河段；③分汊型，如长江城陵矶至江阴段；④游荡型，如黄河下游花园口河段。

秦岭和淮河以北河流冬季有冰情发生，多数北方河流还有封河现象。淮河以南至长江以北，冬季河流有冰花，但基本不封河。长江以南河流则基本无冰情。我国河流中最重要的七大江河，河流长，流域面积大，年径流量也大，在我国的河流中占有非常重要的地位。

（一）河流

1. 长江流域

长江发源于青藏高原唐古拉山脉的各拉丹东峰西南侧，其干流流经青海、西藏、云南、四川、湖北、湖南、江西、安徽、江苏、上海等省（市、区），流域面积为 1.809×10^6 km²，干流总长度为 6300km，是我国最长的河流，在世界上其长度仅次于尼罗河和亚马孙河，居世界第三位。长江流域地处亚热带，气候温暖，雨量充沛，全流域平均年降水量1070mm，平均年径流量$9.513 \times 10^{11} \text{m}^3$，干流和支流总水能蕴藏量$2.68 \times 10^8 \text{kW}$，可开发的水能资源为$1.97 \times 10^8 \text{kW}$。

2. 黄河流域

黄河是中华民族古代文明的摇篮，以多沙而闻名于世。黄河发源于青海巴颜喀拉山北麓，流经青海、四川、甘肃、宁夏、内蒙古、山西、陕西、河南、山东9省（区），在山东垦利区注入渤海。黄河干流全长5464km，流域面积$7.52 \times 10^5 \text{km}^2$，为我国第二大河。黄河干流内蒙古托克托县河口镇以上为上游，长3472km，区间总落差3464m，蕴藏着丰富的水力资源，且地形地质条件较好，具有修建水电站的良好条件，共规划了15个梯级水电站，是我国十大水电基地之一。从河口镇到郑州桃花峪为黄河中游，长1222km，落差893m，其水能资源也比较丰富，水电开发条件比较好，共规划了10～12个梯级水电站，包括万家寨、龙口、天桥、碛口、龙门、三门峡、小浪底及西霞院等工程，这些工程可有效地提高下游的防洪能力，同时具有发电、减淤、灌溉及供水等多种功能。黄河中游途经黄土高原，它是黄河洪水泥沙的主要来源地。河南郑州桃花峪以下为黄河下游，长780余km，区间流域面积$2.2 \times 10^4 \text{km}^2$，落差95m，河道平缓，河面宽阔，河床淤积严重，形成了著名的"地上悬河"，河道防洪是下游的重要任务。

3. 松花江流域

松花江是黑龙江的最大支流。松花江有南北两源，南源为西流松花江，发源于长白山天池，在吉林省扶余市三岔河口与嫩江汇合；北源为嫩江，发源于大兴安岭山脉的伊勒呼里山南麓，在三岔河口与西流松花江汇合后称为松花江，在黑龙江省同江市附近注入黑龙江。松花江自南源计，全长2308km，流域总面积$5.57 \times 10^5 \text{km}^2$。

4. 珠江流域

珠江又称粤江，由西江、北江、东江及珠江三角洲组成。以西江为源，全长2214km，流域总面积$4.54 \times 10^5 \text{km}^2$，我国境内$4.42 \times 10^5 \text{km}^2$。珠江流域水系复杂，共有8个口门注入南海。西江是珠江的主要支流，发源于云南省沾益区马雄山。北江上源称浈水，发源于江西省信丰县石碣大茅坑，到广东省韶关市与武水汇合后称为北江。进入广东省境内称东江，至广东省东莞石龙镇注入珠江三角洲。珠江三角洲为冲积平原，总面积$2.68 \times 10^4 \text{km}^2$，地势平坦，河汊密集，相互贯通；西、北江三角洲主要水道近百条，总长达1600km；东江三角洲主要水道有5条，总长138km，这些水道构成一个网状水系，具有"诸河汇集，八口分流"的水系特征。

5. 辽河流域

辽河古称句骊河，历史上汉称大辽河，五代以后称辽河，清代称巨流河。辽河发源于河北平泉市七老图山脉，全长1390km，流经河北、内蒙古、吉林、辽宁等省

（区），有多条支流汇入，在辽宁盘山县注入辽东湾，流域面积$2.29 \times 10^5 km^2$。辽河流域分为辽河水系和太子河水系。流域内平均年降水量473mm，年平均气温4~9℃，各种资源丰富，是我国重要的工业基地之一。辽河中下游地势低洼，洪涝灾害频繁，平均六七年发生一次较大范围的旱灾。可开发的水能资源$4.83 \times 10^5 kW$。

6. 海河流域

海河是我国华北地区最重要的河流，由众多河网组成。海河西起太行山脉，北临内蒙古高原，东北是漆河流域，东面是激海湾，南面与黄河流域相接。水系内包括河北大部、北京、天津及内蒙古、山东、陕西、河南的部分地区，流域面积$2.64 \times 10^5 km^2$。海河流域西部为黄土丘陵，植被差，易受冲刷，洪水的含沙量很高。海河平原由黄河与海河各支流冲积而成，受这些河流改道的影响，平原地形起伏不平，分布着大大小小的岗、坡、洼、淀，低洼地易涝易盐碱。海河水系包括漳卫河、子牙河、大清河、永定河、潮白河、北运河、蓟运河等河流，其中，多数河流在天津市附近汇入海河。海河水系平均年降水量为560mm。

7. 淮河流域

淮河流域位于长江、黄河之间，东临黄海，西部是伏牛山区，南部为桐柏山和大别山区，北部为沂蒙山区，中间为淮河平原，是我国重要的商品粮、棉、油和煤、电等能源的基地。

历史上，黄河曾夺淮河入黄海700余年，至1855年才改道北去，留下了一条高于地面的废旧黄河故道。流域内以废黄河故道为界，将淮河流域分为淮河和沂沭泗（沂河、沭河、泗河，下同）两个水系。

淮河发源于河南省桐柏山，流经河南、安徽、江苏三省，在三江营入长江，全长1000km，总落差200m，流域面积$2.69 \times 10^5 km^2$。洪河口以上为上游，长360km，地面落差178m，流域面积$3.06 \times 10^4 km^2$；洪河口以下到洪泽湖出口的中渡为中游，长490km，地面落差16m，中渡以上流域面积$1.58 \times 10^5 km^2$；中渡以下到三江营为下游水道，长150km，地面落差约7m，三江营以上流域面积$1.646 \times 10^5 km^2$，里运河以东沿海地区称为里下河地区，面积为$2.54 \times 10^4 km^2$。淮河上中游支流众多，南岸支流主要发源于大别山和江淮丘陵区，源短流急，容易产生山洪，洪水下泄迅猛。

（二）湖泊

我国水面面积在$1.0 \times 10^4 km^2$以上的湖泊共约2300个（不包括时令湖），其中，面积在$1.0 \times 10^7 km^2$以上的大湖有12个。湖泊总水面面积约$7.1787 \times 10^8 km^2$，约占我国总面积的0.8%；湖泊储水总量约$7.088 \times 10^{11} m^3$，其中，淡水储量$2.261 \times 10^{11} m^3$，约占总量的32%。

根据湖泊地理分布的特点，可划分为五个主要湖区。

1．青藏高原湖区

该区湖泊面积占我国湖泊面积的一半以上，但多数为内陆咸水湖泊，较大的湖泊有青海湖、鄂陵湖、扎陵湖、纳木错、奇林错、班公错和羊卓雍错等。其中，青海湖水面面积$4.635×10^7km^2$，最大水深达28.7m，为我国第一大湖；羌塘高原上的喀顺湖，是我国境内海拔最高的湖泊，水面高程达5556m。

2．东部平原湖区

该区湖泊分布于长江和淮河中下游、黄河和海河下游，多为外流型淡水湖。该区湖泊面积约占我国湖泊面积的30%，我国著名的五大淡水湖——鄱阳湖、洞庭湖、太湖、洪泽湖和巢湖均在这个区内。

3．蒙新高原湖区

该区湖泊多为内陆咸水湖，区内的湖泊面积约占我国湖泊面积的13%，较大的湖泊有呼伦湖、博斯腾湖等。位于吐鲁番盆地的艾丁湖，水面高程为154m，是我国境内海拔最低的湖。

4．东北平原及山地湖区

该区湖泊面积约占我国湖泊面积的3%，多为外流型淡水湖泊。著名的湖泊有兴凯湖、镜泊湖、五大连池、天池等，其中，兴凯湖为中俄界湖，天池为中朝界湖。

5．云贵高原湖区

该区湖泊面积约占我国湖泊面积的1.5%，滇池、洱海、抚仙湖、泸沽湖、草海均在此区，其中，滇池、洱海以风景秀丽而闻名遐迩。

（三）中国的水资源特点及存在问题

1．水资源量及其特点

我国水资源总量约$2.8124×10^{12}m^3$，人均占有量很低、居世界第108位，是水资源十分紧缺的国家之一。我国水资源在时间和空间上的分布很不均匀，它与土地资源在地区组合上不相匹配，水的供需矛盾十分突出。我国水资源具有以下几个特点。

（1）水资源总量较丰富，人均水量较少

我国的国土面积约$9.60×10^6km^2$，多年平均降水量为648mm，降水总量为$6.19×10^{12}m^3$。降雨量中约有56%消耗于陆面蒸发，44%转化为地表和地下水资源。根据水利部1986年完成的我国水资源调查评价成果，我国平均年径流量为$2.7115×10^{12}m^3$，年均地下水资源量为$8.288×10^{11}m^3$，扣除重复计算量，我国多年平均水资源总量为$2.8124×10^{12}m^3$。河川径流是水资源的主要组成部分，占我国水资源总量的94.4%。

世界各国都将河川径流量作为动态水资源，近似地代表水资源。我国河川径流量为$2.7115×10^{12}m^3$，仅次于巴西、苏联、加拿大，居世界第四位，约占全球河川径流量的5.8%；平均径流深度为284mm；单位国土面积产水量$2.84×10^5m^3/km^2$，为世界平均值的90%。从世界范围来看，我国河川径流总量比较丰富。但是，我国幅员辽阔，人口众多，以占世界陆地面积7%的土地养育着占世界22%的人口，因此，人均和耕地平均占有的水量大大低于世界平均水平。

（2）水资源时空分布极不均匀

我国地域辽阔、地形复杂，跨越了从寒温带到热带共9个气候带，从东南到西北，呈现出由湿润、半湿润到半干旱、干旱乃至极端干旱的变化趋势，各地水文循环情势有明显差异，表现出很强的地域性。因此，我国的降水具有年内、年际变化大，区域分布不均匀的特点。我国分区年降水、年河川径流的分布情况表明，水资源的地区分布很不均匀，北方水资源贫乏，南方水资源丰富，南北相差悬殊。长江及其以南诸河的流域面积占我国总面积的36.5%，却拥有我国80.9%的水资源量；而长江以北的河流的流域面积占我国总面积的63.5%，却只占有我国19.1%的水资源量，远远低于我国平均水平。

水资源年际年内变化很大。最大与最小年径流的比值，长江以南的河流小于5；北方河流多在10以上。径流量的逐年变化存在明显的丰平枯交替出现及连续数年为丰水段或枯水段的现象。径流量年际变化大与连续丰枯水段的出现，使我国经常发生旱、涝或连旱、连涝现象，加大了水资源开发利用的难度。

（3）水资源与人口、耕地分布不相匹配

我国水资源空间上分布的不均衡性与我国人口、耕地分布上的差异性，构成了我国水资源与人口、耕地不相匹配的特点，大大增加了我国水资源开发利用的难度和成本。我国水资源分布同人口、耕地分布极不协调。北方片人口占我国总人口的2/5，耕地面积占我国耕地总面积的3/5，而水资源总量仅为我国的1/5，人均水资源拥有量为$1.1272×10^3m^3$，每公顷耕地拥有水资源量为$9.4685×10^3m^3$（亩均631m³）。南方片人口占我国人口的3/5，耕地面积占我国耕地总面积的2/5，却拥有我国水资源总量的4/5。在我国人均水量不足1000m³的10个省（区）中，北方占了8个，主要集中在华北区。在我国耕地每公顷水量不足15000m³的15个省（区）中，北方片占了13个。另外，我国有1333万公顷可耕种的后备荒地，主要集中在北方片的西北区和东北区，如果考虑开发这些后备荒地的用水量，那么北方片每公顷耕地拥有的可用水量仅为7687m³（亩均512m³），为南方片的2/15。由此可见，我国北方地区虽然耕地丰富，人口稠密，但水资源占有量低，这是制约当地经济社会发展的主要限制因素。今后，我们应站在共同发展的高度上，深入开展区域水资源优化调配的研究工作，确保满足各地经济发展对水资源的需求。

2. 我国水资源开发利用中存在的问题

新中国成立以来，我国水利事业取得了举世瞩目的成就，以仅占全球约6%的可更新水资源和9%的耕地，养活了占世界22%的人口。但是由于种种原因，我国水利发展的模式基本属于粗放型，不少水利工程的安全标准不高，建设质量较差，工程老化失修，配套设施不全，管理工作薄弱，用水浪费很大，水质污染严重等。近年来，水资源在开发利用中也出现一些新的矛盾。概括起来，我国水资源开发利用中存在的问题主要包括以下几个方面。

（1）防洪安全缺乏保障

我国江河的防洪工程系统大多还没有达到已经审批的规划标准。长江荆江河段和黄河主要堤防在三峡和小浪底水利枢纽及相应的配套工程完成后，可以达到防御100年一遇以上洪水的标准；淮河、海河、辽河、松花江、珠江等江河，除少数重点城市外，大部分堤防都还只能防御20年一遇左右的常遇洪水。一些大江大河的堤防工程普遍存在堤顶高程不足、堤身断面单薄、堤基渗漏严重等问题，以致洪水期间有的地段临时抢修子堤挡水，不少堤段产生管涌等渗透变形（破坏），甚至发生溃堤等事故。从1999年下半年开始到目前为止，我国共有31个省、市、自治区和新疆生产建设兵团先后申报核查的三类坝安全鉴定成果共720座，其中，大型水库121座；中型水库495座（其中，重要中型水库467座，西部地区一般中型水库28座），小（一）型水库104座。

（2）资源紧缺与浪费并存

首先，是农业干旱缺水。随着经济的发展和气候的变化，我国农业，特别是北方地区农业干旱缺水状况加重。目前，我国仅灌区每年就缺水约$3.0 \times 10^{10} m^3$。20世纪90年代年均农田受旱面积$2.667 \times 10^7 hm^2$，干旱缺水成为影响农业发展和粮食安全的主要制约因素；我国农村有2000多万人口和数千万头牲畜饮水困难，1/4人口的饮用水不符合卫生标准。

其次，是城市缺水。我国城市缺水现象始于20世纪70年代，以后逐年扩大，特别是改革开放以来，城市缺水愈来愈严重。据统计，在我国663个建制市中，有400个城市供水不足，其中，110个严重缺水，年缺水约$1.0 \times 10^{10} m^3$，每年影响工业产值约2000亿元。

但无论是农业灌溉还是城市用水都普遍存在严重浪费现象。

（3）水质污染严重

水资源是水资源数量与质量的高度统一，在特定的区域内，可用水资源的多少不仅取决于水资源的数量，而且取决于水资源的质量。21世纪，我国面临着水量的危机，同时，面临的水质危机更严重，甚至因水质问题所导致的水资源危机大于水量危机。

我国水利部门于2010年对我国约4700条大、中河流近1.0×10^5km河长进行了检测。结果表明：我国现有河流近1/2的河段受到污染，1/10的河长污染严重，水已失去使用价值。据水利部组织的我国六大流域的入河排污口抽样调查结果：我国年排放污水量已达$5.60 \times 10^{10} \sim 6.0 \times 10^{10}$t，治理速度远远落后于污水排放的增长速度，污水排放没有得到有效控制。20世纪80年代初期，我国年度污水排放量达2.60×10^{10}t，到2013年，污水排放量比20世纪80年代初翻了一番以上。其中，80%以上的污水未经处理直接排入水域，90%以上的城市水域污染严重，给居民生活用水和当地经济社会发展带来严重影响。

我国以水库作为供水水源的能力每年达5.400×10^{11}t以上，虽然多数供水水源的水质良好，但已有1/3的水库水质受到不同程度的污染。我国湖泊水质的主要问题是富营养化，据对50个代表性湖泊的综合评价指标来看，75%的湖泊已受到不同程度污染。目前，水污染呈现出从支流向干流延伸、从城市向农村蔓延、从地表向地下渗透、从区域向流域扩展的特点。

（4）水资源开采过度，环境问题严重

由于缺乏统筹规划，水资源和土地资源都有过度开发的现象。2015年，中国水资源的开发利用率为29.9%，不算很高，但地区间很不平衡，北方黄河、淮河、海河流域的开发利用率都超过50%，其中，海河流域接近90%，有些内陆河流域的开发利用率超过了40%这一国际公认的合理限度。

（5）人口、经济增长，供需矛盾突出

经济和社会的高速发展，对水资源提出了更高的要求。随着人口增长，城市化进程的加快，生活用水随之大幅度增加。预计到2050年，我国人口达到高峰接近16亿人，城市化率达到40%，生活用水比例将进一步提高，预测届时生活用水定额为：城镇218L/（人·d），农村114L/（人·d），城乡生活用水量约1.0×10^{11}m³。产业结构调整，工业用水将适度增长。

目前，我国水资源面临的形势非常严峻，干旱缺水地区水资源供不应求的矛盾已构成了制约国民经济和社会发展的瓶颈，尤其在北方地区，水资源短缺已成为当地经济社会发展的最大制约因素。面对21世纪我国经济社会发展的战略目标，水资源问题已成为我国实施可持续发展战略过程中必须认真解决的重大问题。如果在水资源开发利用上没有大的突破，在管理上不能适应这种残酷的现实，水资源将很难满足国民经济迅速发展的需求，水资源危机将成为所有资源问题中最为严重的问题。因此，必须对水资源实行精打细算，实现水资源的可持续利用与管理。

第二节 水资源的概念与特性

一、水资源的概念

地球上的水是在一定的条件下循环再生的，过去人们普遍认为水是"取之不尽，用之不竭"的。随着社会的发展，人类社会对水的需求量越来越大，加上环境污染、生态平衡被破坏，人们开始感到可用水资源的匮乏。经过长期的实践，人们逐渐认识到地球上水特有的循环再生、运动变化规律，并承认水是有限的，才逐渐把水的问题连同环境保护、生态平衡等问题与人类的生息和社会发展联系在一起加以考察研究，将水看成一种自然资源。

随着时代的进步，水资源的内涵也在不断丰富和发展。迄今为止，关于水资源的定义，国际有以下多种提法。

水资源最早出现于正式的机构名称是1894年美国地质调查局（USGS）设立的水资源处（WRD），并一直延续至今，在这里水资源和其他自然资源一道作为陆面地表水和地下水的总称。1963年，英国的《水资源法》将水资源定义为"地球上具有足够数量的可用水"。《不列颠百科全书》将水资源定义为"全部自然界一切形态的水，包括气态水、固态水、液态水的总量"，该定义给水资源赋予了广泛含义，实际上作为资源，其属性体现在"可利用性"，不能利用的不能称为水资源。

在我国，不同时期对水资源的理解也各不相同。《中华人民共和国水法》将水资源定义为"地表水和地下水"。《环境科学词典》将水资源定义为"特定时空下可利用的水，是可再利用资源，不论其质与量，水的可利用性是有限条件的"。

对水资源的概念及内涵的不同认识和不同理解的主要原因是：水资源具有类型复杂、用途广泛及动态变化等特点，同时，人们从不同角度对水资源含义有不同的理解，因此，很难给出统一、准确的定义，造成对"水资源"一词理解的不一致性和认识的差异性。

水资源的定义有以下几种提法。

广义的提法。包括地球上的一切水体及水的其他存在形式，如海洋、河川、湖泊、地下水、土壤水、冰川、大气水等。

狭义的提法。指陆地上可以逐年得到恢复、更新的淡水。

工程上的提法。指上述可以恢复、更新的淡水中，在一定的技术经济条件下可以被人们利用的那一部分水。

本文所讲的水资源仅限于狭义水资源范畴，即具有使用价值、能够开发利用的水。

二、水资源的特性

水是自然界最重要的物质组成之一，是环境中最活跃的要素。它不停地运动着，积极参与自然环境中一系列物理的、化学的和生物的过程。水资源作为自然的产物，具有天然水的特征和运动规律，表现出自然本质，即自然特性；作为一种资源，在开发利用过程中，其与社会、经济、科学技术发生联系，表现出社会特征，即社会特性。

（一）水资源的自然特性

水资源的自然特性，可以概括为水资源的系统性、流动性、有限性、可恢复性和不均匀性。

1．系统性

无论是地表水还是地下水，都是在一定的系统内循环运动着。在一定地质、水文地质条件下，形成水资源系统。系统内部的水，是不可分割的统一整体，水力联系密切。把具有密切水力联系的水资源系统，人为地分割成相互独立的含水层或单元，分别进行水量、水质评价，是导致水质恶化、水量枯竭、水环境质量日趋下降的重要原因。人类经历了从单个水井为评价单元到含水层、含水岩组再到含水系统整体评价的历史发展过程。

2．流动性

水资源与其他固体资源的本质区别在于其具有流动性，它是循环中形成的一种动态资源。地表水资源和地下水资源均是流体，水通过蒸发、水汽输送、降水、径流等水文过程，相互转化，形成一个庞大的动态系统。因此，水资源的数量和质量呈动态，当外界条件变化时，其数量和质量也会变化。例如，河流上游取水量越大，下游水量就会越小；上游水质被污染会影响到下游等。

3．有限性

水资源处在不断地消耗和补充过程中，具有恢复性强的特征。但实际上全球淡水资源的储量是十分有限的，全球的淡水资源仅占全球总水量的2.5%，大部分储存在极地冰帽和冰川中，真正能够被人类直接利用的淡水资源仅占全球总水量的0.8%。可见，水循环工程是无限的，水资源的储量是有限的。

4．可恢复性

水资源的可恢复性又称为再生性，这一特性与其他资源具有本质区别。地表水和地下水都处于流动状态，在接受补给时，水资源量相对增加；在进行排泄时，水资源量相对减少。在一定条件下，这种补排关系大体平衡，水资源可以重复使用，具有可恢复性。但地下水量恢复程度随条件而不同，有些情况下可以完全恢复，有时却只能部分恢复。在地表水、地下水开发利用过程中，如果系统排出的水量很大，超出系统的补给能力，势必会造成地下水位下降，引起地面沉降、地面塌陷、海水倒灌等环境、水文地质问题，水资源就不可能得到完全恢复。

5. 不均匀性

地球上的水资源总量是有限的，在自然界中具有一定的时间、空间分布。时空分布的不均匀性是水资源的又一个特性。

我国幅员辽阔，地处亚欧大陆东侧，跨高、中、低三个纬度区，受季风与自然地理特征的影响，南北气候差异很大，致使我国水资源的时空分布极不均衡。这种时空分布上的极不均匀性，不仅造成频繁的大面积水旱灾害，而且对我国水资源的开发利用十分不利，在干旱年份更加剧了缺水地区城市、工业与农业用水的困境。

（二）水资源的社会特性

水资源的社会特性主要指水资源在开发利用过程中表现出的资源的商品特性、不可替代特性和环境特性。

1. 商品特性

水资源一旦被人类开发利用，就成为商品，从水源地送到用户手中。由于水的用途十分广泛，涉及工业、农业、日常生活等国民经济的各个方面，在社会物质流通的整个过程中水资源流通的广泛性非常巨大，是其他任何商品都无法比拟的。与其他商品一样，水的价值也遵循市场经济的价值规律，水的价格受各种因素的影响。

2. 不可替代性

水资源是一种特殊的商品。其他物质可以有替代品，而水则是人类生存和发展必不可少的物质。水资源的短缺将制约社会经济的发展和人民生活水平的提高。

3. 环境特性

水资源的环境特性表现为两个方面：一方面，水资源的开发利用会对社会经济产生影响，这种影响有时是决定因素，在缺水地区，工农业生产结构及经济发展模式都直接或间接地受到水资源数量、质量、时空分布的影响，水资源的短缺是制约经济发展的主要因素之一；另一方面，水作为自然环境要素和重要的地质营力，水的运动维持着生态系统的相对稳定以及水、土和岩石之间的力学平衡。

（三）利与害的两重性

水资源的利与害两重性主要表现为：一方面，水作为重要的自然资源可用于灌溉、发电、供水、航运、养殖、旅游及净化水环境等各个方面，给人类带来各种利益；另一方面，由于水资源时间变化上的不均匀性，当水量集中得过快、过多时，不仅不便于利用，还会形成洪涝灾害，甚至给人类带来严重灾难，到了枯水季节，又可能出现水量锐减，满足不了各方面需水要求的情形，甚至对社会发展造成严重影响。水资源的利、害两重性不仅与水资源的数量及其时空分布特性有关，还与水资源的质量有关。当水体受到严重污染时，水质低劣的水体可能造成各方面的经济损失，甚至给人类健康以及整个生态环境造成严重危害。人类在开发利用水资源的过程中，一定要用其利、避其害。"除水害，兴水利"一直是水利工作者的光荣使命。

第五节　水资源开发利用

一、地表水资源开发利用

地表水具有分布广、径流量大、矿化度和硬度低等特点，因此，地表水资源是人类开发利用最早、最多的一类水资源。随着社会和经济的发展，地表水日益成为城市及工业用水的重要水源。地质开发的方式不仅与河川径流的特征值（可供储存和利用的年、月、日径流总量，枯水流量及洪水流量）有关，而且与开发利用的目的，如工业、农业用水，生活、生态用水，航运、渔业用水等有关系。

（一）生活用水

1. 生活用水的含义

生活用水是人类日常生活及其相关活动用水的总称，分为城市生活用水和农村生活用水。

（1）城市生活用水

城市生活用水是指城市用水中除工业（包括生产区生活用水）以外的所有用水，简称生活用水，有时也称为大生活用水、综合生活用水、总生活用水。它包括城市居民住宅用水、公共建筑用水、市政、环境景观和娱乐用水、供热用水及消防用水等。

城市居民住宅用水，是指城市居民（通常指城市常住人口）在家中的日常生活用水，也称为居民生活用水、居住生活用水等。它包括冲洗卫生洁具（冲厕）、洗浴、洗涤、烹调、饮食、清扫、庭院绿化、洗车用水以及漏失水等。

公共建筑用水，是指包括机关、办公楼、商业服务业、医疗卫生部门、文化娱乐场所、体育运动场馆、宾馆饭店及学校等设施用水。

市政、环境景观和娱乐用水，是指包括浇洒街道及其他公共活动场所用水，绿化用水，补充河道、人工河湖、池塘及用以保持景观和水体自净能力的用水，人工瀑布、喷泉用水、划船、滑水、涉水、游泳等娱乐用水，融雪、冲洗下水道用水等。

消防用水，是指为扑灭城市或建筑物火灾需要的水量。其用水量与灭火次数、火灾延续时间、火灾范围等因素有关；要求必须保证足够的水量，另外，根据火灾发生的位置高低，还必须保证足够的水压。

（2）农村生活用水

农村生活用水可分为日常生活用水和家畜用水。前者与城镇居民日常生活的室内用水情况基本相同，只是由于城乡生活条件、用水习惯等有差异，仅表现在用水量方面差别较大。虽然随着社会经济的发展，农村生活水平的提高，商店、文体活动场所等集中用水设施也在逐渐增多，但农村生活用水量还是相对较小的。

2．生活用水的特征

生活用水有以下几方面的特征。

（1）用水量增长较快

新中国成立初期，城市居民较少、生活水平低，用水量较少。随着时间推移，年总用水量和人均用水量逐步增加，我国每年以平均3%～6%的速度增长。

（2）用水量时程变化较大

城市生活用水量受城市居民生活、工作条件及季节、温度变化的影响，呈现早、中、晚3个时段用水量比其他时段高的时变化；一周中周末用水量比正常周一到周五多的日变化；夏季最多，春秋次之，冬季最少的年变化。

（3）供水保证率要求高

供水年（历时）保证率是供水得到保证的年份（历时）占总供水年份（或历时）的百分比。生活用水量能否得到保障，关系到人们的正常生活和社会的安定，根据城市规模及取水的重要性，一般取枯水流量保证率的90%～97%作为供水保证率。

（4）水量浪费严重

在城市生活用水中，由于管网陈旧、用水器具及设备质量差、结构不合理、用水管理不严，造成了用水过程中的"跑、冒、滴、漏"现象严重。目前，大多数城市供水管网损失率在5%～10%，有的城市高于10%，仅管网漏失一项，我国城市自来水供水每年损失约15亿m³。其次，空调、洗车等杂用水大量使用新水，重复利用率低也造成了用水浪费。

（6）生活污水排放量却逐年增长

我国城市排水管道普及率只有50%～60%，致使城市河道和近郊区水体污染严重，甚至危及城市生活水源和居民健康。北方许多以开采地下水为主的城市，地下水源也受到不同程度的污染。

（二）农业用水

我国是个农业大国，农业是国民经济发展的基础和重要保障。在我国总用水中，农业是第一用水大户，而在农业用水中，农田灌溉占农业用水的70%～80%。可见，保证农田灌溉用水、合理安排农业用水、有效实施农业节水，对农业的发展乃至整个经济社会的发展以及水资源合理利用都具有十分重大的战略意义。

1. 农业用水的含义

农业用水指用于作物灌溉和农村牲畜的用水。水与农作物的关系十分密切。它是农作物正常生长发育必不可少的条件之一，对作物的生理活动、作物生长环境都有着重要的影响。

（1）作物需水量

作物需水量是指作物在适宜的土壤水分和肥力水平下，经过正常生长发育，获得高产时的植株蒸腾、株间蒸发以及构成植株体的水量之和。农田水分消耗的途径主要有三个方面：植株蒸腾、株间蒸发和深层渗漏。

在上述三项农田水分消耗中，常把植株蒸腾和株间蒸发合并在一起，称为腾发，消耗的水量称为腾发量，一般把腾发量视为作物需水量。但对水稻田来说，也有将稻田渗漏量计算在需水量中的。

（2）作物的灌溉制度

灌溉是人工补充土壤水分，以改善作物生长条件的技术措施。作物灌溉制度，是指在一定的气候、土壤、地下水位、农业技术、灌水技术等条件下，对作物播种（或插秧）前至全生育期内所制定的一整套田间灌水方案。它是使作物生育期保持最好的生长状态，达到高产、稳产及节约用水的保证条件，是进行灌区规划、设计、管理、编制和执行灌区用水计划的重要依据及基本资料。灌溉制度包括灌水次数、每次灌水时间、灌水定额及灌溉定额等内容。灌水定额是指作物在生育期内单位面积上的一次灌水量。作物全生育期需要多次灌水，单位面积上各次灌水定额的总和为灌溉定额。两者单位皆用平方米或用灌溉水深（毫米）表示。灌水时间指每次灌水比较合适的起讫日期。

不同作物有不同的灌溉制度。如水稻采用淹灌，旱作物只需土壤中有适宜的水分即可，同一作物在不同地区和不同的自然条件下，有不同的灌溉制度。如稻田在土质黏重、地势低洼地区，渗漏量小，耗水少；在土质轻、地势高的地区，渗漏量、耗水量都较大。对于某一灌区来说，气候是灌溉制度差异的决定因素。因此，不同年份，灌溉制度也不同。干旱年份，降水少，耗水大，需要灌溉次数也多，灌溉定额大；湿润年份则相反，有时甚至不需人工灌溉。为满足作物不同年份的用水需要，一般根据群众丰产经验及灌溉试验资料，分析总结制定出几个典型年（特殊干旱年、干旱年、一般年、湿润年等）的灌溉制度，用以指导灌区的计划用水工作。

（3）灌溉用水量

作物消耗水量主要来源于灌溉、降水和地下水，在一定的区域、一定的灌溉条件、一定的种植结构组成情况下，地下水对作物的补给量是较为稳定的，而降雨量的年际变化较大。因此，在计算农田灌溉用水量时，需要考虑不同降水频率的影响，即选择典型年计算地区作物灌溉用水量。

灌溉水量是指从灌溉供水水源所取得的总供水量。由于灌溉水经过各级输水渠道送入田间时存在一定的水量损失，因此灌溉水量又分为毛灌溉水量、净灌溉水量和损失水量，毛灌溉水量等于净灌溉水量与损失水量之和。同理，灌溉定额也分为净灌溉定额和毛灌溉定额。

2．农业用水的途径

灌溉渠道系统是农业用水的主要途径，灌溉渠道系统是指从水源取水，通过渠道及其附属建筑物向农田供水，经由田间工程进行农田灌水的工程系统，包括渠首工程、输配水工程和田间工程三大部分。在现代灌区建设中，灌溉渠道系统和排水沟道系统是并存的，二者互相配合，协调运行，构成完整的灌区水利工程系统。

（1）灌溉水源

灌溉水源指可以用于灌溉的水资源，主要有地表水和地下水两类。按其产生和存在的形式及特点，又可细分为河川径流、当地地表径流和地下水。另外，城市污水也可以作为灌溉水源，城市污水用于农田灌溉，是水资源的重复利用，但必须经过处理，符合灌溉水质标准后才能使用。

（2）灌溉渠系

灌溉渠系由各级灌溉渠道和退（泄）水渠道组成。灌溉渠道按其使用寿命可分为固定渠道和临时渠道两种：多年使用的永久性渠道称为固定渠道；使用寿命小于1年的季节性渠道称为临时渠道。按其控制面积大小和水量分配层次可分为若干等级：大、中型灌区的固定渠道一般分为干渠、支渠、斗渠、农渠四级；在地形复杂的大型灌区，固定渠道的级数往往多于四级，干渠可分成总干渠和分干渠，支渠可下设分支渠，甚至斗渠也可下设分斗渠。在灌溉面积较小的灌区，固定渠道的级数较少。

（3）田间工程

田间工程通常指最末一级固定渠道（农渠）和固定沟道（农沟）之间的条田范围内的临时渠道、排水小沟、田间道路、稻田的格田和田坝、旱地的灌水畦和灌水沟、小型建筑物以及土地平整等农田建设工程。做好田间工程是进行合理灌溉，提高灌水工作效率，及时排除地面径流和控制地下水位，充分发挥灌排工程效益，实现旱涝保收，建设高产、优质、高效农业的基本建设工作。

3．我国农业用水状况

在我国各个用水部门中，农业用水始终占有相当大的比例。2005年，中国总用水量为$5.633\times10^{11}m^3$，其中，农业用水量为$3.580\times10^{11}m^3$，占总用水量的63.6%。在农业用水中，农田灌溉是农业的主要用水和耗水对象，在各类用户耗水率中，农田灌溉耗水率为62%。据预测，到2030年我国人口将达到16亿，为满足粮食需求，农业用水将有巨大缺口，水资源紧缺将成为21世纪我国粮食安全的瓶颈。

目前，我国农业用水存在水资源短缺和用水浪费严重的双重危机。我国水资源时空分布不均，与农业发展的格局不相匹配。全年降水的60%～80%集中在6～9月。华北、西北、东北地区，平原居多、土地肥沃、光热资源丰富，是我国重要的粮食产地。三北地区耕地面积约占我国耕地面积的1/2，而水资源总量仅占我国水资源总量的17%。黄淮海流域水资源量仅占我国水资源总量的8.6%，水土资源严重失衡，亩均用水指标远低于我国平均水平。西北内陆地区不仅是我国重要的能源和粮食生产基地，而且也是今后我国经济发展的重点。由于西北内陆地区处于干旱半干旱气候区，尽管沃野千里，但存在着先天的水资源不足，水资源总量仅占我国水资源总量的5.2%左右，许多地区因干旱缺水，导致农业生产力急剧下降，严重威胁粮食安全和地区稳定。我国是世界上现代灌溉技术应用程度最低的国家之一。现代灌溉技术是指喷灌、滴灌和微灌等。实践表明，采用现代灌溉技术可以使田间输水损失率降低到10%以下。据有关科研机构对16个国家（占全世界总灌溉面积的73.7%）灌溉状况的分析，以色列、德国、奥地利和塞浦路斯的现代灌溉技术应用面积占总灌溉面积的比例平均达61%以上，南非、法国和西班牙在31%～60%；美国、澳大利亚、埃及和意大利在11%～30%；中国、土耳其、印度、韩国和巴基斯坦在0～10%。我国目前喷灌、滴灌面积仅为$8.0\times10^5hm^2$，占有效灌溉面积的1.5%。

（三）工业用水

1．工业用水概述

工业用水一般是指工、矿企业在生产过程中，用于制造、加工、冷却、空调、净化、洗涤等方面的用水量。

工业用水是城市用水的一个重要组成部分。在整个城市用水中工业用水不仅所占比重较大，而且用水集中。工业生产大量用水，同时排放相当数量的工业废水，又是水体污染的主要污染源。世界性的用水危机首先在城市出现，而城市水源紧张主要是工业用水问题所造成。因此，工业用水问题已引起各国的普遍重视。

2. 工业用水的分类

尽管现代工业分类复杂、产品繁多、用水系统庞大，用水环节多，而且对供水水流、水压、水质等有不同的要求，但仍可按下述三种分类方法进行分类研究。

（1）按工业用水在生产中所起的作用分类

按工业用水在生产中所起的作用，工业用水可分为：①冷却用水，是指在工业生产过程中，用水带走生产设备的多余热量，以保证进行正常生产的那一部分用水量；②空调用水，是指通过空调设备用水来调节室内温度、湿度、空气洁度和气流速度的那一部分用水量；③产品用水（工艺用水），是指在生产过程中与原料或产品掺混在一起，有的成为产品的组成部分，有的则为介质存在于生产过程中的那一部分用水量；④其他用水，如清洗场地用水等。

（2）按水源分类

按水源可分为：①河水，工矿企业直接从河内取水，或由专供河水的水厂供水。一般水质达不到饮用水标准，可作工业生产用水。②地下水，工矿企业在厂区或邻近地区自备设施提取地下水，供生产或生活用的水。在我国北方城市，工业用水中取用地下水占相当大的比重。③自来水，由自来水厂供给的水源，水质较好，符合饮用水标准。④海水，沿海城市将海水作为工业用水的水源。有的将海水直接用于冷却设备；有的将海水淡化处理后再用于生产。⑤再生水，城市排出废污水经处理后再利用的水。

（3）按工业组成的行业分类

在工业系统内部，各行业之间用水差异很大，由于我国历年的工业统计资料均按行业划分统计。因此，按行业分类有利于用水调查、分析和计算。一般可分为高用水工业、一般工业和火（核）电工业三类用户分别进行预测。

高用水工业和一般工业用水可采用万元增加值用水量法进行预测。火（核）电工业分循环式、直流式两种冷却用水方式，采用单位装机容量（kW）取水量法进行用水预测，并可以采用发电量单位（kW·h）取水量法进行复核。

有条件的地区可对工业行业进一步细分后进行用水量预测。如分为电力、冶金、机械、化工、煤炭、建材、纺织、轻工、电子、林业加工等。同时在每一个行业中，根据用水和用水特点不同，再分为若干亚类，如化工还可划分为石油化工、一般化工和医药工业等；轻工还可分为造纸、食品、烟酒、玻璃等；纺织还可分为棉纺、毛纺、印染等。此外，为了便于调查研究，还可将中央、省市和区县工业企业分出单列统计。

在划分用水行业时，需要注意以下两点：

（1）考虑资料连续沿用

充分利用各级管理部门的调查和统计资料，并通过组织专门的调查使划分的每一个行业的需水资料有连续性，便于分析和计算。

（2）考虑行业的隶属关系

同一种行业，由于隶属关系不同，规模和管理水平差异很大，需水的水平也不同。如生产同一种化肥的工厂，市属与区（县）所属化工厂耗用水量相差很多；生产同一种铁的炼铁厂，中央直属与市属的工厂，每生产一吨铁的需水量也不同。因此，工业行业分类既要考虑各部门生产和需水特点，又要考虑现有工业体制和行政管理的隶属关系。

工业用水分类，其中按行业划分是基础，如再结合用水过程、用水性质和用水水源进行组合划分，将有助于工业用水调查、统计、分析、预测工作的开展。一般说，按行业划分越细，研究问题就越深入，精度就越高，但工作量增加，而分得太粗，往往掩盖了矛盾，用水特点不能体现，影响用水问题的研究和成果精度。

3．工业供水水源

作为工业用水的水源，可供利用的有河水、湖水、海水、泉水、潜流水、深井水等。选择水源时，必须充分考虑工厂的生产性质、规模及需要用水的工艺等情况，根据建设投资和维护管理费用等情况，对水量、水质等问题进行研究，从中选择合适的供水水源。

（1）河流取水

从水量方面来看，一般河水水量比较丰富，而且比较可靠。但是，采用河流取水时必须事先进行详细调查，确定其具有可靠的水量和水质。

从水质方面来看，河水在上游地区流速较快，自净作用较大，溶解盐类也少，水质较好。到了下游地区，由于有来自地面的污染，自净作用也降低了，所以浑浊度和有机物含量都随之增加。特别是在人口密度大的城市和工业地区周围，生活污水、工业废水、垃圾等的流入量越来越大，污染有增无减，河流本身早已丧失了自净作用，使河水作为用水的价值降低。

（2）水库（湖泊）取水

水库是以调节水量与水质为目的的，对河水、泉水等进行拦蓄，一方面，由于水库的蓄水作用，水库具备沉淀、稀释和其他自净作用，可以改善水质；但另一方面，浮游生物、藻类等生物的繁殖机会增加，有时使水产生难闻的臭味，给以后的水处理带来不良影响。因此，水库（湖泊）蓄水作用既可能改善水质，也可能恶化水质。有益影响包括：①浑浊度、色度、二氧化硅等降低；②硬度、碱度不会发生急剧的变化；③降低水温；④截留沉淀物；⑤在枯水期蓄入排放的水，有可能稀释污水等。不好的影响包括：①增加藻类繁殖；②在水库的深层溶解氧减少，二氧化碳增加；③在水库的底部，铁、锰和碱度增加；④由于蒸发或岩石矿物的分解，溶解固形物与硬度增加等。

水库的水越深，不同季节的水温、水质、生物的繁殖情况，在不同深度的变化就越大。详细调查这种变化，有利于从水库取到优质水。

（3）海水取水

在沿海地区，如果单纯依靠地下水作为水源，则在凿井和确保水量的供应方面会受到限制，因此，可以取海水作为工业供水水源。利用海水时要考虑的问题，原则上和一般工业用水基本一致，但在具体内容方面，利用海水作为水源有一些特殊性。

（4）地下水

利用地下水作为工业用水的水源时，因为其使用目的决定了全年都处于连续工作状态，所以设计、施工不仅要在充分计划、研究的基础上进行，而且还必须进行严格的管理。

地下水是在含水层中处于饱和状态的水，因重力作用而流动，不仅水质明显地受岩层性质和地下环境等的影响，其水量也由地形、地质及其构造所决定。因此，在确定凿井地点以前应进行水文地质方面的调查。

使用井水则存在水质异变的问题，特别是在沿海平原地区，常会发生地下水盐化问题，因此，对于井水的管理必须充分注意。

（四）生态用水

1. 生态用水概念

有关生态用水（或需水）方面的研究最早是在20世纪40年代，随着当时水库建设和水资源开发利用程度的提高，美国的资源管理部门开始注意和关心渔场的减少问题，由鱼类和野生动物保护协会对河道内流量进行大量研究，建立鱼类产量与河流流量的关系，并提出河流最小环境（或生物）流量的概念。此后，随着人们对景观旅游业和生物多样性保护的重视，又提出了景观河流流量和湿地环境用水以及海湾—三角洲出流的概念。

在我国，20世纪90年代后期，尤其是我国"九五"科技攻关项目"西北地区水资源合理利用与生态环境保护"的实施，才真正揭开了干旱区生态用水研究的序幕。通过五年的研究，项目组成员对我国的西北五省区的水资源利用情况和生态环境现状及存在问题进行了分析，探讨了干旱区生态环境用水量的概念和计算方法，建立了基于二元模式的生态环境用水计算方法，取得了一些初步成果。1999年，中国工程院开展了"中国可持续发展水资源战略研究"项目，其中专题之一"中国生态环境建设与水资源保护利用"就我国生态环境需水进行了较为深入的研究，界定了生态环境需水的概念、范畴及分类，估算了我国环境需水总量为$8.0 \times 10^{10} \sim 1.0 \times 10^{11} m^3$（包括地下水的超采量$5.0 \times 10^9 \sim 8.0 \times 10^9 m^3$），这一研究成果对我国宏观水资源规划和合理配置具有十分重要的指导意义，推动了生态用水研究的进程。

由于生态用水本身属于生态学与水文学之间的交叉问题，过去虽然做了大量的研究工作，但在基本概念上仍未统一，许多基本理论仍不成熟，有待进一步研究。

2．生态用水的定义

从广义上讲，生态用水是指"特定区域、特定时段、特定条件下生态系统总利用的水分"，它包括一部分水资源量和一部分常常不被水资源量计算包括在内的水分，如无效蒸发量、植物截留量。狭义上讲，生态用水是指"特定区域、特定时段、特定条件下生态系统总利用的水资源总量"。根据狭义的定义，生态用水应该是水资源总量中的一部分，从便于水资源科学管理、合理配置与利用的角度来讲，采用此定义比较有利。

生态用水量的大小直接与人类的水资源配置或生态建设目标条件有关。它不一定是合理的水量，尤其在水资源相对匮乏的地区更是如此。与生态用水相对应的还有生态需水和生态耗水两个概念，为了便于区分，也给出了它们的定义。

生态需水：从广义上讲，维持全球生物地球化学平衡（诸如水热平衡、水沙平衡、水盐平衡等）所消耗的水分都是生态需水。从狭义上讲，生态需水量是指以水循环为纽带、从维系生态系统自身的生存和环境功能角度，相对一定环境质量水平下客观需求的水资源量。生态需水与相应的生态保护、恢复目标以及生态系统自身需求直接相关，生态保护、恢复目标不同，生态需水就会不同。

生态耗水：生态耗水是指现状多个水资源用户或者未来水资源配置后，生态系统实际消耗的水量。它需要通过该区域经济社会与生态耗水的平衡计算来确定。生产、生活耗水过大，必然挤占生态耗水。

生态用水与生态需水、生态耗水三个概念之间既有联系又有区别。通过生态需水的估算，能够提供维系一定的生态系统与环境功能所不应该被人挤占的水资源量，它是区域水资源可持续利用与生态建设的基础，也是估计在一定的目的、生态建设目标或配置条件下，生态用水大小的基础。通过对生态用水和生态耗水的估算，能够分析人对生态需水挤占程度，决策生态建设对生态用水的合理配置。

3．生态用水的分类

生态用水可以按照使用的范围、对象和功能进行分级和分类。首先，按照水资源的空间位置和补给来源，生态用水被划分为河道内生态用水和河道外生态用水两部分。河道外生态用水为水循环过程中扣除本地有效降水后，需要占用一定水资源以满足河道外植被生存和消耗的用水；河道内生态用水是维系河道内各种生态系统生态平衡的用水。其次，依据生态系统分类，又对生态用水进行二级划分，如将河道内生态用水进一步划分为河流生态用水、河口生态用水、湖泊生态用水、湿地生态用水、地下水回灌生态用水、城市河湖生态用水；将河道外生态用水进一步划分为自然植被用水、水土保持生态用水、防护林草生态用水、城市绿化用水。最后，根据生态用水的功能不同，再进一步进行三级划分。

4．生态用水的意义

良好的生态系统是保障人类生存发展的必要条件，但生态系统自身的维系与发展离不开水。在生态系统中，所有物质的循环都是在水分的参与和推动下实现的。水循环深刻地影响着生态系统中一系列的物理、化学和生物过程。只有保证了生态系统对水的需求，生态系统才能维持动态平衡和健康发展，进一步为人类提供最大限度的社会、经济、环境效益。

然而，由于自然界中的水资源是有限的，某一方面用水多了，就会挤占其他方面的用水，特别是常常忽视生态用水的要求。在现实生活中，由于主观上对生态用水不够重视，在水资源分配上几乎将100%的可利用水资源用于工业、农业和生活，于是就出现了河流缩短断流、湖泊干涸、湿地萎缩、土壤盐碱化、草场退化、森林破坏、土地荒漠化等生态退化问题，严重制约着经济社会的发展，威胁着人类的生存环境。因此，要想从根本上保护或恢复、重建生态系统，确保生态用水是至关重要的技术手段。因为缺水是很多情况下生态系统遭受威胁的主要因素，合理配置水资源，确保生态用水对保护生态系统、促进经济社会可持续发展具有重要的意义。

（五）航运、渔业、旅游

1．内河水运

内河水运包括航运（客运、货运）与筏运（木、竹浮运），是利用内陆天然水域（河流、湖泊）或人工水域（水库、运河）等作为运输航道，依靠水的浮载能力进行交通运输。它是利用水资源，但不消耗水量的重要部门。河川水资源能够用来进行内河运输的部分，称水运资源。

（1）水运资源的特点

水运突出特点是：运量大，成本低，一个百吨级的船队，相当于几列火车的运量；水运是消耗能源最少的一种运输方式，据统计，若水运完成每吨公里消耗的燃料为1，则铁路为1.5，公路为4.8，空运为126；水运的投资较铁路省，据美国运输部门研究表明,完成同样的运量,铁路为水运投资的4.6倍,而水运成本仅为铁路的1/3～1/5,公路的1/5～1/20。因为水运有如此的优越性,一些城镇沿河发展,许多大型企业沿河建造;这些反过来又促进了水运的发展。水运还具有污染轻、占用土地少、综合效益高等特点。但是,受水域所限,水运货物往往不能直达货物目的地,而且周转速度慢。

（2）航道基本要求

航道设计尺度,是保证船舶安全航运的至关重要的条件,是进行航道工程建设与治理、开挖人工运河、建造过船设施等所必须达到的标准。主要有以下几方面。

航道水深。航道水深是航道尺度中重要的指标,它决定着船舶的航速和载重量。河流航深不足,阻碍通航,是以工程措施进行治理所要解决的主要问题;而人工运河的航道水深,又是决定工程量大小的关键。

所谓航道水深,是指在通航保证率一定的前提下,航道最低水位时所能达到的通航水深。

航道设计水位是通过选择某种设计保证率而确定的,为了充分利用水运资源,实际航运中丰水期可以行驶载重量较大的船舶,而枯水期可以考虑船舶的短期减载。分期分载航行更具有经济效益,更适应国民经济建设的需要。

航道宽度。航道宽度是航道尺度中另一个重要指标。航道中一般禁止并航或超航,但准许双向航行。因此,航道宽度是以保证两个对开船队能够错船为原则（地形特殊的河段,方可考虑单线航道）进行计算。

航道弯曲半径。由于水流流经弯曲航道,其流向和流速都要发生变化,因而船舶在弯曲航道中行驶,也需要不断地变更航向和航速。变更航向和航速的过程,会使船舶承受侧压力、离心力、水动压力及力矩等的作用,促使船舶偏离航线。对此,在航道规划设计中要充分考虑。

航道中的流速与流态。航道中的表面流速与局部比降直接影响船舶的正常行驶。表面流速由纵向表面流速和横向表面流速组成,必须予以控制。过大的纵向水流不仅使上行船舶为克服阻力而增加能量消耗,而且使下行船舶舵效难以发挥,造成操作困难;横向水流会使船舶两侧失去平衡,导致推离航道,造成海事。航道中允许的最大表面流速和局部比降,与通过的船型、河道整治的措施等有关,必须进行实船试验,分析比较才能确定。

2. 渔业

（1）水库渔业的特点

渔业是国民经济的重要组成部分,是满足人们日常生活需要的物质生产部门。水库渔业具有如下主要特点:

第一，产量可观。水库具有水深、面广的突出特点，并且水质肥沃，天然傅料基础丰富，鱼类生长快。

第二，对部分鱼类的繁殖不利。水库水位变幅较大，流速较小，流程较短，使得鲤、鲫等草上产卵鱼类的繁殖条件不能稳定，鲢、鳙等流水产卵鱼类的受精和孵化也受到限制。水库运用对鱼类繁殖生存的自然生态系统有一定负面影响，需要人为地对适宜水库发展的经济鱼类进行定向增殖，并定期投放足量的鱼种和饵料，其规格、密度应和水库承受能力相适应。积极发展网箱养鱼和流水养鱼。

第三，便于开展养鱼实验。水库水土资源丰富，可进行各种科学养鱼实验，开辟养殖新领域，探索稳定高产的新途径。

第四，投资少，收益大，见效快。水库养殖便于在水利资源综合开发中，水管单位自我积累，滚动发展。

第五，人为影响显著。对鱼苗的投入量、放养品种、成鱼捕捞等较容易控制。

（2）水库渔业应注意的问题

人类在开发利用水资源过程中，在江河海口及大江大河的干、支流上，需要建一系列诸如挡潮闸、拦河坝等水工建筑物。这些工程对消除水患、造福人类作出了巨大贡献。但是，对鱼类的生活规律和环境带来了影响，其影响因素是多方面的，既有利也有弊。其中，特别需要引起人们重视的是洄游性野生鱼类的繁殖问题。有些鱼类需要在河湖淡水中甚至山溪浅水总流中产卵孵化，却在河口或浅海育肥成长；另一些鱼类则要在河口或近海产卵孵化，上溯到河湖中育肥成长。这些鱼类称为洄游性鱼类，其中，有不少名贵品种，例如鲥鱼、刀鱼等。水工建筑物如拦河坝、闸等截断了洄游性鱼类的通路，使它们有绝迹的危险。

此外，为了使水库鱼场便于捕捞，在蓄水前应做好库底清理工作，特别要清除树木、墙垣等障碍物。还要防止水库的污染，并保证在枯水期水库里留有必需的最小水深和水库面积，以利鱼类生长。也应特别注意河湖的水质和最小水深。

3. 旅游

利用水利工程发展旅游业，保护和改善自然水域的生态环境，是综合开发利用水资源，发挥水利工程效益的一个重要方面。因此，有必要对它们的重要意义和基本规律进行认识和研究。

水利工程旅游是利用水利工程（主要指水库以及枢纽）开展旅游事业的简称。随着世界旅游市场的日益兴旺，人们在不断寻找和开拓新的旅游资源。由于水利工程及其系统对旅游业具有极大的吸引力和竞争力，近几十年来，受到了世界许多中国旅游者的青睐，得到了快速地发展。

水利工程旅游资源的主体是自然旅游资源，山水秀丽，环境优雅，空气新鲜，气候宜人，是发展旅游业的基础。其客体是人文旅游资源。水利工程旅游资源是自然旅游资源与人文旅游资源的有机结合，相得益彰，显示出更加强烈的吸引力和竞争力。

利用水利工程发展旅游业，不需要增加更多的投资便能较好地收到经济效益。如随着新安江水库的兴建而形成的千岛湖，山清水秀融为一体，稍加整修，增添设施，便可成为我国著名的旅游区。

在开发利用水利工程旅游资源过程中，开发形式往往是相互依存，相互补充，紧密相连的。总的来说，形式越多，综合性越强，其吸引力越大，效益越好。例如，甘肃兰州的黄河风情线，甘肃兰州是万里黄河唯一穿城而过的城市，为把甘肃兰州建成山川秀美、经济繁荣、社会文明的现代化城市，甘肃兰州市政府规划了百里黄河风情线，经过多年的打造，这条我国唯一的城市内黄河风情线像一串璀璨夺目的珍珠，吸引着来自四面八方的中外游客。

二、地下水资源开发利用

（一）地下水资源的概念

地下水资源是指对人类生产与生活具有使用价值的地下水，属于地球上水资源的一部分。地下水资源与其他资源相比具有以下特点。

1．可恢复性

地下水资源与固体矿产资源相比，它具有可恢复性。在漫长的地质年代中形成的固体矿产资源，开采一点就少一点；地下水资源却能得到补给，具有可恢复性。因此，合理开采地下水资源不会造成资源枯竭；但开采过量又得不到相应的补给，就会出现亏损。所以，保持地下水资源开采与补给的相对平衡是合理开发利用地下水应遵循的基本原则。

2．调蓄性

地下水资源与地表水资源相比，具有一定的调蓄性。如果在流域内没有湖泊、水库，则地表水很难进行调蓄，汛期可能洪水漫溢，旱季也许河道断流。而地下水可利用含水层进行调蓄，在补给季节（或丰水年）把多余的水储存在含水层中，在非补给季节（或枯水年）动用储存量以满足生产与生活的需要。利用地下水资源的调蓄性，在枯水季节（或年份）可适当加大开采量，以满足用水需要，到丰水季节（或年份）则用多余的水量予以回补。故实施"以丰补枯"是充分开发利用地下水的合理性原则。

3．转化性

地下水与地表水在一定条件下可以相互转化。由地表水转化为地下水是对地下水的补给；反之，由地下水转化为地表水则是地下水的排泄。例如，当河道水位高于沿岸的地下水位时，河水补给地下水；相反，当沿岸地下水位高于河道水位时，则地下水补给河道水。因此，在开发利用水资源时，必须对地表水和地下水统筹规划。可见转化性是开发利用地下水和地表水资源的适度性原则。

4．系统性

地下水资源是按系统形成与分布的，这个系统就是含水系统。存在于同一含水系统中的水是一个统一的整体，在含水系统的任一部分注入或排出水量，其影响均将涉及整个含水系统，而某一含水系统可以长期持续作为供水水源利用的地下水资源，原则上等于它所获得的补给量。不论在同一个含水系统中打井取水的用户有多少，所能开采的地下水量的总和原则上不应超过此系统的补给量。在地下水资源计算时，应当以含水系统为单元，统一评价及规划利用地下水资源。

（二）地下水资源过度开发带来的环境问题

同地表水相比，地下水的开发利用具有分布广泛，容易就地取水，水质稳定可靠，能够进行时间调节，可以减轻或避免土地盐碱化等优势。因此，自20世纪70年代以来，我国通过各种地下水工程大量开发利用地下水资源。但近年来，随着中国地下水资源的过度开采，许多地区（特别是在北方的一些大中型城市）地下水位急剧下降、含水层疏干、枯竭，进而引发了一系列的环境问题，主要有以下几方面。

1．形成地下水位降落漏斗

随着我国经济的快速发展，对水资源需求日益增加，进而对地下水长期过量开采，造成地下水位持续下降，并形成地下水位降落漏斗。

2．引发地面沉降、地面塌陷、地裂缝等地质灾害

对地下水长期过度开采，不仅会引起地下水位下降、形成降落漏斗，还会引发地面沉降、地面塌陷、地裂缝等地质灾害。

地面沉降是指在自然或人为的超强度开采地下流体（地下水、天然气、石油等）等造成地表土体压缩而出现的大面积地面标高降低的现象。地面沉降具有生成缓慢、持续时间长、影响范围广、成因机制复杂和防治难度大的特点。我国城市地面沉降的最主要原因是城市发展导致对水资源需求量增加，进而加剧对地下水的过度开采，使得含水层和相邻非含水层中空隙水压力减少，土体的有效应力增大，由此产生压缩沉降。

3. 造成地下水水质恶化

近年来，由于工业废水和生活污水不合理地排放，而相应的污废水处理设施没有跟上，从而使不少城市的地下水遭到严重污染。此外，过量开采地下水导致地下水动力场和水化学场发生改变，并造成地下水中某些物理化学组分的增加，进而引起水质恶化。例如，位于淄博市的大武水源地，由于水源地的地表区域建有齐鲁石化公司所属炼油厂、橡胶厂、化肥厂、3.0×10^5t乙烯工程等一批大型企业，每年工业排污量达$3.3356 \times 10^4 \text{m}^3$，其中，仅有44%的工业废水排入小清河后入渤海，其余废水则在当地排放，引起水源地水环境状况不断恶化，地下水中石油类、挥发酚、苯的含量严重超标。

综上所述，由于地下水过度开发所带来的环境问题十分复杂且后果严重。此外，需要注意的是，上述问题并不是独立的，而是相互关联在一起的，往往随着地下水的超采，几个问题会同时出现。如对于石羊河流域，上述提到的环境问题都不同程度地存在。

（三）地下水资源的合理开发模式

从前面的介绍可以看出，不合理地开发利用地下水资源，会引发地质、生态、环境等方面的负面效应。因此，在开发利用地下水之前，首先要查清地下水资源及其分布特点，进而选择适当的地下水资源开发模式，以促使地下水开采利用与经济社会发展相互协调。下面介绍几种常见的地下水资源开发模式。

1. 地下水库开发模式

地下水库开发模式主要用于含水层厚度大、颗粒粗，地下水与地表水之间有紧密水力联系，且地表水源补给充分的地区，或具有良好的人工调蓄条件的地段，如冲洪积扇顶部和中部。冲洪积扇的中上游区通常为单一潜水区，含水层分布范围广、厚度大，有巨大的存储和调蓄空间，且地下水位埋深浅、补给条件好，而扇体下游区受岩相的影响，颗粒变细并构成潜伏式的天然截流坝，因此，极易形成地下水库。地下水库的结构特征，决定了其具有易蓄易采的特点以及良好的调蓄功能和多年调节能力，有利于"以丰补歉"，充分利用洪水资源。目前，不少国家和地区，如荷兰、德国、英国的伦敦、美国的加利福尼亚州以及我国的北京、淄博等城市都采用地下水库开发模式。

2. 傍河取水开发模式

我国北方许多城市，如西安、兰州、西宁、太原、哈尔滨、郑州等，其地下水开发模式大多是傍河取水型的。实践证明，傍河取水是保证长期稳定供水的有效途径，特别是利用地层的天然过滤和净化作用，使难以利用的多泥沙河水转化为水质良好的地下水，从而为沿岸城镇生活、工农业用水提供优质水源。在选择傍河水源地时，应遵循以下原则：①在分析地表水、地下水开发利用现状的基础上，优先选择开发程度低的地区；②充分考虑地表水、地下水富水程度及水质；③为减少新建厂矿所排废水对大中型城市供水水源地的污染，新建水源地尽可能选择在大中型城市上游河段；④尽可能不在河流两岸相对布设水源地，避免长期开采条件下两岸水源地对水量、水位的相互削减。

3. 井渠结合开发模式

农灌区一般采用井渠结合开发模式，特别是在我国北方地区，由于降水与河流径流量在年内分配不均匀，与农田灌溉需水过程不协调，易形成"春夏旱"。为解决这一问题，发展井渠结合的灌溉，可以起到井渠互补、余缺相济和采补结合的作用。实现井渠统一调度，可提高灌溉保证程度和水资源利用效率，不仅是一项见效快的水利措施，而且也是调控潜水位，防治灌区土壤盐渍化和改善农业耕作环境的有效途径。经内陆灌区多年实践证明，井渠结合开发模式具有如下效果：一是提高了灌溉保证程度，缓解或解决了"春夏旱"的缺水问题；二是减少了地表水引水量，有利于保障河流在非汛期的生态基流；三是通过井灌控制地下水位，可改良土壤盐渍化。

4. 排供结合开发模式

在采矿过程中，由于地下水大量涌入矿山坑道，往往使施工复杂化和采矿成本增加，严重时甚至威胁矿山工程质量和人身安全，因此，需要采取相应的排水措施。例如，湖南某煤矿平均每采1t煤，需要抽出地下水约130m³。矿坑排水不仅增加了采矿的成本，而且还造成地下水资源的浪费，如果矿坑排水能与当地城市供水结合起来，则可达到一举两得的效果，目前，我国已有部分城市（如郑州、济宁等）将矿坑排水用于工业生产、农田灌溉，甚至是生活用水等用途。

5. 引泉模式

在一些岩溶大泉及西北内陆干旱区的地下水溢出带可直接采用引泉模式，为工农业生产提供水源。大泉一般出水量稳定，水中泥沙含量低，适宜直接在泉口取水使用，或在水沟修建堤坝，拦蓄泉水，再通过管道引水，以解决城镇生活用水或农田灌溉用水。这种方式取水经济，一般不会引发生态环境问题。

第三章 水利工程

第一节 水利工程的作用

一、水利工程

水是人类赖以生存和社会生产不可缺少而又无法替代的物质资源。由于自然界的水能够循环，并逐年得到补充和恢复，因此，水资源是一种不仅可以再生而且可以重复利用的资源，是大自然赋予人类的宝贵财富，哺育着人类社会的发展，人们也习惯上把不断供给其水资源的江河称为"母亲河"。然而，地球上的水资源总量是有限的，而且在时间上和空间上分布也很不均匀，天然来水和用水之间供需不相适应的矛盾非常突出。根据国民经济各用水部门的需要，合理地开发、利用和保护水资源，保证水资源的可持续利用和国民经济的可持续发展，是水利工作者的历史责任。

多年的生产和生活实践经验证明，解决水资源在时间上和空间上的分配不均匀，以及来水和用水不相适应的矛盾，最根本的措施就是兴建水利工程。所谓水利工程，是指对自然界的地表水和地下水进行控制和调配，以达到除害兴利目的而修建的工程。水利工程的根本任务是除水害和兴水利，前者主要是防止洪水泛滥和渍涝成灾；后者则是从多方面利用水资源为人民造福，包括灌溉、发电、供水、排水、航运、养殖、旅游、改善环境等。

水利工程按其承担的任务划分，可分为防洪工程、农田水利工程、水力发电工程、供水与排水工程、航运及港口工程、环境水利工程等，一项工程同时兼有几种任务时称为综合利用水利工程。水利工程按其对水的作用分类，可分为蓄水工程、排水工程、取水工程、输水工程、提水（扬水）工程、水质净化和污水处理工程等。

水利工程建设涉及面十分广泛，而作为在同一流域内重新分配径流，调节洪水、枯水流量的主要手段就是兴建水库，把部分洪水或多余的水存蓄起来，一则控制了下泄流量，减轻洪水对下游的威胁；再则可以做到蓄洪补枯，以丰补缺，为发展灌溉和水力发电等兴利事业创造必要的条件。当然，从丰水地区向干旱缺水地区引水的跨流域调水工程，则是一种更艰巨、更宏伟的工程措施。

二、我国水利工程建设的成就

我国是世界上历史悠久的文明古国。我们勤劳智慧的祖先在水利工程建设方面的光辉成就，是全世界人民熟知和敬仰的。几千年来，我国人民在治理水患、开发和利用水资源方面进行了长期斗争，创造了极为丰富的经验和业绩。例如：从传说中4000多年前的大禹治水开始到至今仍在使用的长达1800km的黄河大堤，就是我国历代劳动人民防治洪水的生动记录；公元前485年开始兴建，至公元1292年完成的纵贯祖国南北、全长1794km的京杭大运河，将海河、黄河、淮河、长江和钱塘江等五大天然河流联系起来，是世界上最早、最长的大运河；公元前600年左右的芍坡大型蓄水灌溉工程；公元前390年建有十二级低坝引水的引漳十二渠工程；公元前251年在四川灌县修建的世界闻名的都江堰分洪引水灌溉工程，一直是成都平原农业稳产高产的保障，至今运行良好。这些水利工程都堪称中华民族的骄傲。

但是，由于旧中国长期处于封建社会，特别是新中国成立之前的近百年，我国遭受帝国主义、封建主义和官僚资本主义的统治和压迫，社会生产力受到极大摧残。已有的一些水利设施，大多年久失修，甚至遭到破坏；有的地区水旱交替，灾患频繁，使广大劳动人民饱受旱涝之苦。以黄河为例，在公元前602年至公元1938年的2500多年内，共决口1590余次，其中大的改道26次；1938年黄河大堤被人为决口，直至1947年才堵上，淹没良田133.3万hm^2，受灾人口达1250万人，有89万人死亡。

新中国成立以来，在中国共产党和人民政府的正确领导下，我国水利建设事业得到了迅速发展。人们对水利在国民经济中的重要性的认识不断得到加强，从"水利是农业的命脉"到"水利是国民经济的基础产业"进一步发展到"水利是国民经济基础产业的首位"，水利事业的地位越来越高。从20世纪50年代初开始，我国对淮河和黄河全流域进行规划和治理，修建了许多山区水库和洼地蓄水工程。1958年治理后的黄河，遇到与1933年造成大灾的同样洪水（22300m^3/s），没有发生事故，经受住了考验；对淮河的规划和治理则改变了淮河"大雨大灾，小雨小灾，无雨旱灾"的悲惨景象。1963年开始治理海河，在海河中下游初步建立起防洪除涝系统，使淮河排水不畅的情况得到了改善。经过50年的建设，我国已建成水库8.6万座，其中库容大于1亿m^{3}的水库412座，库容在1000万～1亿m^{3}的中型水库2634座，总库容达4500多亿m^3，水库数量居世界之首，这些水库在防洪、灌溉、供水等方面发挥了巨大作用。水力发电得到了迅速发展，初步改变了我国的能源结构，节约了大量的煤、石油等不能再生的自然资源。机电排灌动力由9.6万马力（1马力=0.735kW）发展到7876

万马力，灌溉面积由1600 hm^{2}增加到467万hm^2，为农业稳产、高产做出了突出的贡献；建成通航建筑物800多座，10万t以上的港口800多处，提高了内河航道与渠化航道的通航质量，航运能力显著提高；还完成了引黄济青、引碧入连等供水工程。这些成就都为我国的国民经济建设和社会发展提供了必要的基础条件，对工农业生产的发展、交通运输条件的改善和人民生活水平的提高等方面起到了巨大的促进作用。

随着水利工程建设的发展，我国的水利科学技术也迅速提高。流体力学、岩土力学、结构理论、工程材料、地基处理、施工技术以及计算机技术的发展，为水利工程的建设和发展创造了有利的条件。以坝工建设为例，我国在20世纪50年代就依靠自己的力量，设计施工并建成坝高105m、库容220亿m^3、装机容量66万kW的新安江水电站宽缝重力坝，同期还建成了永定河官厅水库（黏土心墙坝）、安徽省佛子岭水库（混凝土支墩坝）、梅山水库（混凝土连拱坝）、广东流溪河水电站（混凝土拱坝）、四川狮子滩水电站（堆石坝）等多座各种类型的大坝，为我国大型水利工程建设开创了良好的开端。60年代又以较优的工程质量和较快的施工速度建成装机容量116万kW、坝高147m的刘家峡水电站（重力坝），以及装机容量90万kW、坝高97m的丹江口水电站（宽缝重力坝）；另外，在高坝技术、抗震设计、解决高速水流问题等方面，也都取得了较大的进展。70年代在石灰岩岩溶地区建成了坝高165m的乌江渡拱形重力坝，成功地进行了岩溶地区的地基处理；在深覆盖层地基上建成坝高101.8m的碧口心墙土石坝，混凝土防渗墙最大深度达65.4m，成功地解决了深层透水地基的防渗问题，为复杂地基的处理积累了宝贵的经验。80年代在黄河上游建成了坝高178m的龙羊峡重力拱坝，成功地解决了坝肩稳定、泄洪消能布置等一系列结构与水流问题；同时，还在长江干流上建成了葛洲坝水利枢纽工程，总装机容量达271.5万kW，成功地解决了大江截流、大单宽流量泄水闸消能、防冲及大型船闸建设等一系列复杂的技术问题；这一时期还在福建坑口建成了第一座坝高56.7m的碾压混凝土重力坝，在湖北西北口建成了坝高95m的混凝土面板堆石坝，为这两种新坝型在我国的建设与发展开创了道路。进入90年代，我国在四川又建成了装机330万kW、坝高240m的二滩水电站（双曲拱坝）；在广西红水河建成了坝高178m的天生桥一级水电站（混凝土面板堆石坝）；在四川建成了坝高132m的宝珠寺碾压混凝土重力坝；坝高154m的黄河小浪底土石坝业已完工。举世瞩目的三峡水利枢纽于1994年12月14日正式开工，1997年实现大江截流，并于2003年首批机组发电，2009年全部竣工。三峡水利枢纽工程水电站总装机容量达1820万kW，单机容量75万kW；建成双线五级船闸，总水头113m，可通过万吨级船队；垂直升船机总重11800t，过船吨位3000t，均位居世界之首，这些成就标志着我国坝工技术包括勘测、设计、施工、科研等已跨入世界先进行列。即将开始建设的清江水布垭水电站、澜沧江小湾水电站大坝均在250～300m；跨世纪的南水北调东线、中线、西线工程，都是世界上少有的巨型水利工程。由此可见，我国的水利水电建设事业方兴未艾，面临着新的机遇，有着广阔的发展前景，广大的水利工作者任重道远。

三、现代水利工程建设与发展

现代水利工程建设主要表现在两个方面：①水利工程建设观念上的转变；②水利工程建设科学技术水平的提高。虽然经过几十年的努力，我们在水利水电工程建设方面取得了辉煌的成就，水利工程和水电设施在国民经济中发挥着巨大的作用。但是，从"四化"建设和可持续发展的目标来说，水利工程建设的差距还很大。第一，我国大江大河的防洪问题还没有真正解决，堤坝和城市防洪标准还比较低，随着河流两岸经济建设的发展，一旦发生洪灾，造成的损失越来越大。第二，目前我国农业在很大程度上仍受制于自然地理和气候条件，抵御自然灾害能力很低。随着城市供水需求迅速增长，缺水问题日益严重，已经影响到人民生活，制约了工业的发展。第三，水污染问题日益严重，七大江河都不同程度地受到污染，使有限的水资源达不到生活和工农业用水的要求，使水资源短缺问题更为严重。第四，水土流失严重，水生态失衡，使水资源难以对土壤、草原和森林资源起到保护作用，造成森林和草原退化、土壤沙化、植被破坏、水土流失、河道淤积、江河断流、湖泊萎缩、湿地干涸等一系列主要由水引起的生态蜕变。第五，水资源利用率低下，我国丰富的水能资源已开发量占可开发量的比例还相当低，与世界发达国家相比差距很大，农业用水效率仅为0.3～0.4，工业用水重复利用率仅为0.3左右，各行各业用水浪费现象相当严重。

解决以上问题是关系到整个国民经济可持续发展的系统工程，仅靠"头痛医头，脚疼治脚"的局部的、单一的工程水利的建设思想是难以实现的，必须从宏观上、战略思想上实现工程水利向资源水利的转变。所谓资源水利，就是从水资源开发、利用、治理、配置、节约、保护等六个方面进行系统分析、综合考虑，实现水资源的可持续利用。正如原水利部部长在中国水利学会代表大会上提出的："由工程水利转向资源水利，是一个生产力发展的过程。当前生产力发展了，更需要我们更宏观地看问题，需要我们在原有水利工作的基础上更进一步、更上一个台阶，做好水利工作。从另一个角度讲，由于科学技术的发展，现在已经具备这样做的条件。资源水利有两层意义，一层是实践意义，在实践中要把水利搞得更好，就要从水资源管理的角度来做好我们的工作；另一层意义是理论意义，全世界都提出了可持续发展问题，水资源作为环境的重要组成，也一定要高举可持续发展的旗帜，通过资源水利的思路，实现水资源的可持续利用。"制定入水和谐的大水利战略，保护母亲河健康生命等新思想、新理念是现代水利的具体体现。

随着生产的不断发展和人口的增长，水和电的需求量都在逐年增加，而科学技术和设计理论的提高，又为水利工程特别是大型水利水电工程的建设提供了有利条件。从国际水利事业的发展看，水利工程建设的各个方面通过深入研究都在不断提高，并取得了可喜的研究成果，积累了宝贵的实践经验，主要表现在以下几个方面。

大水库、大水电站和高坝建设逐年增多。据统计，全世界库容在1000亿m³以上的大水库有7座，其中最大的是乌干达的欧文瀑布，总库容为2084亿m³；已建成的设计装机容量在450万kW以上的水电站有11座，其中最大的是我国的三峡水电站，设计装机容量为1820万kW；100m以上的高坝，1950年前仅42座，现在已建和在建的有400多座。在100m以上的高坝中，土石坝的数量接近混凝土重力坝和拱坝的总和。

新坝型、新材料研究不断取得可喜成果。将土石坝施工中的碾压技术应用于混凝土坝的碾压混凝土筑坝新技术，不仅成功地用于重力坝，而且已开始在拱坝上采用。随着大型碾压施工机械的出现，混凝土面板堆石坝已被许多国家广为采用。我国的天生桥面板堆石坝，最大坝高178m；龙滩碾压混凝土重力坝，第一期工程最大坝高192m，均居世界前列。超贫胶结材料坝试验研究在国际已经展开，并开始建筑了一些试验坝，预计在中、低坝建设中有广阔的发展前景。

随着对高速水流问题研究的不断深入，在体型设计、掺气减蚀等方面技术日益成熟，泄水建筑物的过流能力不断提高。国际采用的单宽流量已超过300m³/（s·m），如美国胡佛坝的泄洪洞为372m³/（s·m）、葡萄牙的卡斯特罗·让·博得拱坝坝面泄槽为364m³/（s·m）、伊朗的瑞萨·夏·卡比尔岸边溢洪道为355m³/（s·m）。我国乌江渡水电站溢洪道采用的单宽流量为201m³/（s·m），泄洪中孔为144m³/（s·m），而泄洪洞为240m³/（s·m）；从总泄量看，葛洲坝水利枢纽达110000m³/s，居我国首位；在拱坝中，以凤滩水电站的泄流量为最大，总泄量达32600m³/s，也是世界上拱坝泄量最大的工程。

地基处理和加固技术不断发展，使得处理效果更加可靠，造价进一步降低。例如深覆盖层地基防渗处理，广泛采用混凝土防渗墙技术。加拿大马尼克3级坝的混凝土防渗墙，深达131m，是目前世界上最深的防渗墙。渔子溪、密云、碧口水库等工程采用的混凝土防渗墙，深度从32m到68.5m，防渗效果良好。此外，利用水泥或水泥黏土进行帷幕灌浆也是处理深厚覆盖层的一项有效措施，如法国的谢尔蓬松坝，高129m，帷幕深110m，从蓄水后的观测资料看，阻水效果较好。20世纪70年代初出现的利用水气射流切割掺搅地层，同时将胶凝材料（如水泥浆）灌注到被掺搅的地层中去的高压喷射灌浆，也已成功地应用于地基防渗和加固处理，使工程造价显著降低。

随着高速度、大容量计算机的出现和数值分析方法的不断发展，水工结构、水工水力学和水利施工中的许多复杂问题都可以通过电算得到解决。例如：结构抗震分析已从拟静力法分析进入到动力分析阶段，同时考虑结构与库水、结构与地基的动力相互作用；三维结构分析、渗流分析、温度应力分析、高边坡稳定分析、结构优化设计等已广泛应用于工程实践中。

由于大型试验设备和现场量测设备的发展，使得水工建筑物的模型试验和原型观测也得到相应的发展，并且与电算分析方法相结合，相互校核、相互验证，还可通过反演分析进行安全评价和安全预测。这些研究成果再反馈到工程设计中，使得设计更加安全、可靠，也更加经济、合理。

第二节　水库

一、水库的作用

天然河道的来水量在各年间及一年内都有较大的变化，它与人们在相应时间的用水量往往存在着矛盾，来水量少用水量多时发生旱灾；来水量多而河道不能容纳时则发生洪涝灾害，解决这一矛盾的主要措施是兴建水库。水库在水多时把水蓄积起来，然后根据用水需求适时适量地供水，同时在汛期还可以起到削减洪峰、减除灾害的作用。这种把来水按用水要求在时间和数量上重新分配的作用，叫作水库的调节作用。根据调节周期的长短，水库可分为日调节水库、月调节水库、年调节水库和多年调节水库。水库不仅可以使水量在季节间重新分配，满足灌溉、供水和防洪要求；同时，还可以利用大量的蓄水抬高水位，满足发电、航运及水产养殖等用水部门的需求。因此，兴建水库是综合利用水利资源的有效措施。

二、水库的特征水位和库容

（一）水库的特征水位

水库在运行的过程中，其库中的水位是经常变化的。但是，有几个水位具有特殊意义，水库蓄水超过了这些水位，标志着水库运行状态的改变。

1. 正常高水位

正常高水位，也称设计蓄水位或兴利水位，是水库在正常运用情况下允许经常保持的最高水位，即为了保证兴利部门枯水期正常用水，水库在丰水期后期需要达到的水位。它是确定水工建筑物的尺寸、库区淹没及水电站出力等指标的重要数据。

2. 设计洪水位和校核洪水位

水库正常运用情况下，当发生设计洪水时，水库达到的最高水位称设计洪水位。当发生校核洪水时，水库达到的最高水位称校核洪水位。水工建筑物必须对这两种水位进行设计和校核。

3. 汛前限制水位

在汛期到来之前，预先把水库放空一部分，以便留出库容，在洪水到来时能够多蓄洪水，从而更大程度地削减洪峰，这个消落下来的水位称汛前限制水位，也称为汛期限制水位或防洪限制水位。

4. 死水位

死水位指在水库正常运用情况下允许消落的最低水位。即为满足淤沙或灌溉、发电、航运、供水、养鱼以及旅游等需要，水库必须保持的最低水位。通常死水位是由水库淤积年限、发电最小水头和灌溉最低水位等因素确定。

（二）水库的库容

水库死水位以下的库容称为死库容，它不能起水量调节作用，但可以淤积泥沙。死水位和正常高水位之间的库容称为兴利库容，兴利库容起水量调节作用。设计洪水位和汛前限制水位之间的库容称为设计调洪库容。校核洪水位和汛前限制水位之间的库容称为校核调洪库容。正常高水位和汛前限制水位之间的库容称为共用库容，汛前限制蓄水，腾出库容以利防汛，汛后蓄水用于兴利。校核洪水位以下至库底的所有库容称为总库容。

第三节　水利枢纽及水工建筑物

一、水利枢纽及水工建筑物

为了综合利用水资源，最大限度地满足各用水部门的需要，实现除水害、兴水利的目标，必须对整个河流和河段进行全面综合开发、利用和治理规划，并根据国民经济发展的需要分阶段分步骤地建设实施。为了满足防洪要求和获得灌溉、发电、供水等方面的效益，需要在河流适宜地段修建各种不同类型的建筑物，用来控制和支配水流，这些建筑物统称为水工建筑物。集中建造的几种水工建筑物配合使用，形成一个有机的综合体，称为水利枢纽。

　　一个水利枢纽的功能可以是单一的，如防洪、灌溉、发电、引水等，但多数是同时兼有几种功能，称为综合利用水利枢纽。如果水工建筑物所组成的综合体覆盖相当大的一个区域，其中不仅包括一个水利枢纽，而且包括几个水利枢纽，形成一个总的系统，那么这一综合体便称为水利系统。例如，以苏北灌溉总渠为骨干的苏北灌溉系统、京杭南北大运河航运系统，等等。

　　我国目前正在建设的南水北调中线工程，计划从汉江丹江口水库引水，沿伏牛山及太行山东侧开渠，自流输水到河南、河北、北京和天津，输水总干线长达1200km。二期工程还要引江补汉（从长江引水补汉江因调水而水量不足），是大规模的跨流域的调水工程系统。

二、水利枢纽的组成建筑物

　　一个水利枢纽究竟要包括哪些组成建筑物，应由河流综合利用规划中对该枢纽提出的任务来确定。例如，为满足防洪、发电及灌溉的要求，需要在河流适宜地点修建拦河坝，用以抬高水位形成水库，调节河道的天然流量，把河道丰水期的水储蓄在水库中供枯水期引用，即把洪水期河道不能容纳的部分洪水，存蓄在水库里，以便削减河道的洪水流量，防止洪水灾害的发生。另外，在运行过程中还可能会遇到水库容纳不下的洪水，这就需要建造一个宣泄洪水的通道，叫作溢洪道或泄洪隧洞。当用拦河坝的一段兼作溢洪道时称为溢流坝。为了引用库中蓄水以供农田灌溉和城市供水或进行水力发电等，还要建造通过坝身的引水管道或穿过岸边山体的引水隧洞；为了发电、供电，还要建水电站、开关站等。

　　由于水利枢纽承担的任务不同，其组成建筑物的规模、类型和数目也会有很大差异，枢纽中建筑物的种类、尺寸、相互位置与当地的地形、地质、水文及施工等条件也有着密切关系。另外需要说明的是，防洪、发电、灌溉等各部门对水的要求不尽相同，如：城市供水和航运部门要求均匀供水，而灌溉和发电需要按指定时间放水；工农业及生活用水需要消耗水量，而发电则只是利用了水的能量。又如：防洪部门希望尽量加大防洪库容，以便能够拦蓄更多的洪水；而用水部门则希望扩大兴利库容，以提高供水能力；等等。为了协调上述各部门之间的矛盾，在进行水利枢纽规划时，应当在流域规划的基础上，根据枢纽工程所在地区的自然条件、社会经济特点以及近期与远期国民经济发展的需要等，统筹安排，合理开发利用水资源，做到以最小的投资来最大限度地满足国民经济各个部门的需要，充分发挥水利枢纽的综合效益。

三、水工建筑物的分类

水工建筑物的种类繁多，形式各异，按其在枢纽中所起的作用可以分为以下几种类型。

（1）挡水建筑物。挡水建筑物用于拦截江河，形成水库或壅高水位。例如各种材料和类型的坝和水闸；为防御洪水或阻挡海潮，沿江河海岸修建的堤防、海塘等。

（2）泄水建筑物。泄水建筑物用于宣泄多余水量，排放泥沙和冰凌，或为人防、检修而放空水库等，以保证坝和其他建筑物的安全。水利枢纽中的泄水建筑物可以与坝体结合在一起，如各种溢流坝、坝身泄水孔；也可设在坝体以外，如各式岸边溢洪道和泄水隧洞等。

（3）输水建筑物。输水建筑物是为满足灌溉、发电和供水的需要，从上游向下游输水用的建筑物，如引水隧洞、引水涵管、渠道、渡槽、倒虹吸等。

（4）取（进）水建筑物。取（进）水建筑物是输水建筑物的首部建筑，如引水隧洞的进口段、灌溉渠首和供水用的进水闸、扬水站等。

（5）整治建筑物。整治建筑物用于改善河流的水流条件，调整水流对河床及河岸的作用，以及为防护水库、湖泊中的波浪和水流对岸坡的冲刷。如工坝、顺坝、导流堤、护底和护岸等。

（6）专门建筑物。专门建筑物是为灌溉、发电、过坝需要而兴建的建筑物。如专为发电用的压力前池、调压室、电站厂房；专为渠道或航道设置的沉沙池、冲沙闸；以及专为过坝用的船闸、升船机、鱼道、过木道等。

应当指出的是，有些水工建筑物的功能并非单一，难以严格区分其类型，如各种溢流坝，既是挡水建筑物，又是泄水建筑物；水闸既可挡水，又能泄水，有时还作为灌溉渠首或供水工程的取水建筑物；等等。

四、水工建筑物的特点

水利工程的水工建筑物与一般土木工程的工业与民用建筑物相比，除了具有工程量大、投资多、工期长等特点之外，还具有以下几方面的特点。

（一）工作条件的复杂性

由于水的作用和影响，水工建筑物的工作条件比一般工业与民用建筑物复杂得多。首先，天然来水量的大小是由水文分析确定的，水文条件对工程规划、枢纽布置、建筑物设计和施工都有重要影响，要在有代表性、一致性和可靠性资料的基础上，进行合理的分析与计算，做出正确的估计。其次，水对建筑物产生作用力，包括静水压力、动水压力、浮托力、浪压力、冰压力及地震动力水压力等。因此，建筑物需要有足够的强度和抗滑稳定能力，以保证工程安全运行。水工建筑物上、下游存在水位差时，将在建筑物内部及地基中产生渗透水流，导致对建筑物稳定不利的渗透压力，还可能引起渗透变形破坏；过大的渗流还会造成水库严重漏水，影响工程效益和正常运行。因此，水工建筑物一般都要认真解决防渗问题。泄水建筑物的过水部分，水流的流速往往比较高，高速水流可能对建筑物产生空蚀、振动以及对河床产生冲刷。因此，在进行泄水建筑物设计时，需要选择合理的结构和妥善解决消能防冲等问题。

水流往往挟带泥沙带来许多问题，造成水库淤积，减少有效库容；产生泥沙压力，加大建筑物荷载；使闸门淤堵，影响正常启闭；使河道淤积影响行洪、航运，渠道淤积减小输水能力等；含有泥沙的高速水流，还会对过水建筑物和水力机械产生磨损造成破坏。因此，水工建筑物的设计必须认真研究泥沙问题。除了上述水的机械作用外，还要注意水的其他物理化学作用。例如：水对建筑物钢结构部分的腐蚀（氧化、生锈），渗透水可能对混凝土或浆砌石结构中的石灰质的溶滤作用，以及混凝土中孔隙水的周期性冻结和融化的破坏作用等。

水工建筑物的形式、构造和尺寸，与建筑物所在地的地形、地质、水文、建筑材料储量等条件密切相关。但是几乎没有两个工程的地形条件完全相同，地质条件更是不尽相同。在岩石地基中经常遇到节理、裂隙、断层、破碎带、软弱夹层等地质构造；在土基中也可能遇到压缩性大、强度低的土层或流动性强的细砂层。为此，必须周密勘测、正确判断，提出合理、可靠的处理措施。由于水工建筑物工程量大，当地建筑材料储备情况对建筑物的形式选择有重大影响，主要建筑材料应就地取材，以降低工程造价。由于自然条件的千差万别，每一个工程都有其自身的特定条件，因此，水工建筑物设计选型只能各自独特进行，以适应不同的自然条件，除非小型工程的建筑物，一般不能采用定型设计。当然，水工建筑物中某些结构部件的标准化则是可能而且必要的。

（二）受自然条件约束，施工难度大

在河道中建造水工建筑物，比在陆地上的土木工程施工难度大得多。第一，要解决复杂的施工导流问题，也就是迫使原河道水流按特定通道下泄，以创造并维持工程建设的施工空间，这是水工建筑物设计和施工中的一个重要课题；第二，工程进度紧迫，截流、度汛需要抢时间、争进度、与洪水"赛跑"，有时需要在特定的时间内完成巨大的工程量，否则就要拖延工期，甚至造成损失；第三，施工技术复杂，如大体积混凝土的温控措施和复杂地基的处理等；第四，地下、水下工程多，施工难度大；第五，机械设备部件大，建筑材料用量大，交通运输比较困难，特别是高山峡谷地区更为突出；第六，大中型水利工程的施工场面大，工种多，因而场地布置、组织管理工作也十分复杂。

（三）工程效益大，对周围的影响大

水工建筑物，特别是大型水利枢纽的兴建，将会给国民经济带来显著的经济效益和社会效益。例如：丹江口水利枢纽建成后，防洪、发电、灌溉、航运和养殖等效益十分显著。在防洪方面，大大减轻了汉江中、下游的洪水灾害；在发电方面，从1968年10月到1983年底就发电524亿kW·h，经济效益达34亿元，相当于工程造价的4倍，还为河南、湖北灌溉农田1100万亩，为南水北调创造了条件。黄河小浪底水利工程建成后，在防洪、防凌、减淤、供水、发电等方面发挥了重要作用，产生重大的社会效益和经济效益。据估计，除得到符合社会折现率12%的社会盈余外，还可为我国创造78亿元的超额盈余。举世瞩目的长江三峡水利枢纽建成后，在防洪、发电、航运、旅游等各方面产生了巨大效益，并对我国的国民经济建设产生深远的影响。

（四）失事后果的严重性

作为蓄水工程主体的坝或江河的堤防，一旦失事决口，将会给下游人民的生命财产和我国建设带来巨大的损失。据统计，近年来全世界每年的垮坝率虽较过去有所降低，但仍在0.2%左右。1975年8月，河南省遭遇特大洪水，加之板桥、石漫滩两座水库垮坝，使下游1100万亩农田受淹，京广铁路中断，死亡人数达9万人，损失十分惨重。大坝失事主要原因，一是洪水漫顶，二是坝基或结构出现问题，两者各占失事总数的1/3左右。应当指出，有些水工建筑物的失事与某些难以预见的自然因素或人们当时认识能力和技术水平限制有关，也有些是对勘测、试验、研究工作重视不够或施工质量欠缺所致，后者必须加以杜绝。鉴于水利工程和水工建筑物的失事会给下游人民的生命财产和工农业生产带来巨大损失，因此，从事勘测、规划、设计、施工、管理等方面的工程技术人员，必须要有高度负责的精神和责任感，既要解放思想敢于创新，又要实事求是按科学规律办事，确保工程安全和充分发挥工程效益。

第四节　水利枢纽的分等和水工建筑物的分级

水利工程是改造自然、开发利用水资源的重要举措，所建设的水利枢纽工程成功与否，将对国民经济和人民生活产生直接影响，成功能为社会带来巨大的经济效

益和社会效益；一旦失败，轻者影响经济效益，重者给社会带来巨大的财产损失甚至造成人员伤亡。所以，水利工程建设应高度重视工程安全问题。但是，工程规模不同，对国民经济和人民生活的影响程度也不同。过分地强调工程的安全，势必加大工程投资，造成不必要的浪费，因此必须妥善解决工程安全和经济之间的矛盾。为使工程的安全可靠性与其造价的经济合理性恰当地统一起来，水利枢纽及其组成的建筑物要进行分等分级，即首先按水利枢纽工程的规模、效益及其在国民经济中的作用进行分等，然后再对各组成建筑物按其所属枢纽的等别、建筑物在枢纽中所起的作用和重要性进行分级。水利枢纽及水工建筑物的等级不同，对其规划、设计、施工、运行管理等的要求也不同，等级越高者要求也就越高。这种分等分级区别对待的方法，也是我国经济政策和技术要求相统一的重要体现。

根据我国水利部颁发的现行规范《水利水电枢纽工程等级划分及设计标准》，水利水电枢纽工程按其规模、效益和在国民经济中的重要性分为5等，枢纽分等指标见表3-1。

表3-1　水利水电枢纽工程分等指标

工程等别	工程规模	分等指标				
		水库总库容/亿m³	防洪		灌溉面积/万亩	水电站装机容量/万kW
			保护城镇及工矿区	保护农田面积/万亩		
一	大（1）型	>10	特别重要城市、工矿区	>500	>150	>120
二	大（2）型	1.0～10	重要城市、工矿区	100～500	50～150	30～120
三	中型	0.1～1.0	中等城市、工矿区	30～100	5～50	5～30
四	小（1）型	0.01～0.1	一般城市、工矿区	<30	0.5～5	1～5
五	小（2）型	0.001～0.01			小于0.5	<1

表3-1中总库容系指校核洪水位以下的水库库容，灌溉面积等均指设计面积。对于综合利用的工程，如按表中指标分属几个不同等别时，整个枢纽的等别应以其中最高等别为准。挡潮工程的等别可参照防洪工程的规定，在潮灾特别严重地区，其工程等别可适当提高。供水工程的重要性，应根据城市及工矿区和生活区供水规模、经济效益和社会效益分析决定。分等指标中有关防洪、灌溉两项系指防洪或灌溉工程系统中的重要骨干工程。

枢纽中的水工建筑物按其所属枢纽工程的等别及其在工程中的作用和重要性分

为5级，见表3-2。

表3-2　水工建筑物级别的划分

工程级别	永久性建筑物级别		临时性建筑物级别
	主要建筑物	次要建筑物	
一	1	3	4
二	2	3	4
三	3	4	5
四	4	5	5
五	5	5	

表3-2中永久性建筑物系指枢纽工程运行期间使用的建筑物，根据其重要性程度，又可分为主要建筑物和次要建筑物。

主要建筑物系指失事后将造成下游灾害或严重影响工程效益的建筑物，例如坝、泄水建筑物、输水建筑物及电站厂房等。次要建筑物系指失事后不至于造成灾害，或对工程效益影响不大、易于恢复的建筑物，例如失事后不影响主要建筑物和设备运行的挡土墙、导流墙、工作桥及护岸等。

临时性建筑物系指枢纽工程施工期间使用的建筑物，例如导流建筑物等。

按表3-2确定水工建筑物级别时，如该建筑物同时具有几种用途，应按最高级别考虑，仅有一种用途时则按该项用途所属级别考虑。

对于二至五等工程，在下述情况下经过论证可提高其主要建筑物级别：一是水库大坝高度超过表3-3数值者提高一级，但洪水标准不予提高；二是建筑物的工程地质特别复杂，或采用缺少实践经验的新坝型、新结构时提高一级；三是综合利用工程如按库容和不同用途的分等指标有两项接近同一等别的上限时，其共用的主要建筑物提高一级；四是对于临时性水工建筑物，如其失事后将对下游城镇、工矿区或其他国民经济部门造成严重灾害或严重影响工程施工时，视其重要性或影响程度，应提高一级或两级。

表3-3　需要提高级别的坝离界限

坝的原级别		2	3	4	5
坝高（m）	土坝、堆石坝、干砌石坝	90	70	50	30
	混凝土坝、浆砌石坝	130	100	70	40

对于低水头工程或失事后损失不大的工程，其水工建筑物级别经论证可适当降低，对不同级别的水工建筑物，在设计过程中应有不同要求。对不同级别的水工建

筑物的不同要求主要体现在以下方面：

（1）抵御洪水能力。如洪水标准、坝顶安全超高等。

（2）强度和稳定性。如建筑物的强度和抗滑稳定安全度，防止裂缝发生或限制裂缝开展的要求及限制变形要求等。

（3）建筑材料。如选用材料的品种、质量、标号及耐久性等。

（4）运行可靠性。如建筑物各部分尺寸裕度和是否设置专门设备等。

第四章　水利工程施工

第一节　概述

水利水电工程施工是指按照水利工程设计内容和要求进行的建筑与安装工程施工。

一、水利工程施工内容及任务

水利工程施工内容主要包括以下几个方面。

（1）施工准备工程。包括施工交通、施工供水、施工供电、施工通信、施工供风及施工临时设施等。

（2）施工导流工程。包括导流、截流、围堰及度汛、临时孔洞封堵与初期蓄水等。

（3）地基处理。包括桩工、防渗墙、灌浆、沉井、沉箱以及锚喷等。

（4）土石方施工。包括土石方开挖、土石方运输、土石方填筑等。

（5）混凝土施工。包括混凝土原材料制备、储存，混凝土制备、运输、浇筑、养护，模板制作、安装，钢筋加工、安装，埋设件加工、安装等。

（6）金属结构安装。包括闸门安装、启闭机安装、钢管安装等。

（7）水电站机电设备安装。包括水轮机安装、水轮发电机安装、变压器安装、断路器安装以及水电站辅助设备安装等。

（8）施工机械。包括挖掘机械、铲土运输机械、凿岩机械、疏浚机械、土石方压实机械、混凝土施工机械、超重运输机械、工程运输车辆等。

（9）施工管理。包括施工组织、监督、协调、指挥和控制。按专业划分为计划、技术、质量、安全、供应、劳资、机械、财物等管理工作。

目前我国项目建设中，已形成了以项目法人责任制、招标投标制、建设监理制为核心的建设管理体系。其目的是促进参与工程建设的项目法人、承包商、监理单位，科学系统地进行管理，确保工程质量和工期，减小风险和提高投资效益。

一般来讲，水利工程施工的主要任务可归纳为以下几方面：

（1）编制施工组织计划。根据工程特点和施工条件，充分利用有限的资源，按网络计划原理，编制工程施工的组织计划，进行资源优化配置。

（2）精心组织施工，确保工程质量。施工开始后，按施工组织计划，严格管理。工程的质量是管理核心，施工管理工作要紧紧围绕此中心进行。

（3）开展观测、试验研究工作。根据工程的特点和管理要求，要卓有成效地开展工程原型观测和相关的科学试验研究工作，为工程设计、科学施工和运行管理提供可靠数据。针对水利工程施工需要和特点，进一步研究安全、经济及快速施工的技术和方法。

二、水利工程施工的特点

水利工程施工受自然条件的影响较大，涉及专业工种较多，施工组织和管理比较复杂。一般水利工程施工具有以下特点。

（一）受自然条件影响大

水利工程一般建在江河、湖泊上，受地形、地质、水文、气象等影响较大。为便于作业和保证工程质量，需采取施工导流、基坑排水等工程措施，另外，还应注意雨、雪天气和防洪度汛等问题。

（二）施工条件艰辛，工程量大

水利工程大多远离城市，交通、电力、生活条件艰苦，工作地点不稳定，生活环境差。由于水利工程的土石方工程、混凝土工程、金属结构及机电设备安装工程量均较大。往往施工强度高，施工机械多，施工干扰大，施工组织复杂，施工工期较长。

（三）施工技术复杂，涉及专业多

水利工程施工涉及土石开挖、混凝土、钢结构、机电设备、计算机等技术领域，施工程序多且技术要求高。施工作业平面、立体交叉，存在一定安全隐患。因此，需精心组织，妥善安排。使工程在保证施工质量的前提下，施工连续、均衡、高效、安全。

（四）水利工程的重要性

水利工程规模大、投资多，在防洪、发电、经济、战略等方面，具有重要影响。

如施工质量不良，轻则影响其效益和寿命，重则可能给国家和人民带来毁灭性的灾难。

（五）工程施工对生态环境有影响

工程建成后，可减轻水旱灾害，改善水质和局地气候，使生态系统向有利方向发展。但工程施工时，可能对环境带来不利影响，如土石方开挖，会砍伐树木和破坏植被，施工产生的废渣、废油等也会产生一些污染。因此，在施工时，特别要注意保护自然生态环境，使施工对生态的影响降低到最小。

三、我国水利工程施工的成就与展望

在我国历史上，水利建设成就卓著。几千年来，勤劳勇敢的我国人民，修建了许多兴利除害的水利工程，积累了丰富的施工经验。公元前250年以前修建的四川都江堰水利工程，按"乘势利导，因时制宜"的原则，发挥了防洪和灌溉的巨大效益。用现代系统工程的观点来分析，该工程在结构布局、施工措施、维修管理制度等方面都是相当成功的。

新中国成立以后，在党和政府的正确领导下，我国水利水电建设事业取得了辉煌的成就。有计划、有步骤地开展了大江大河的综合治理；修建了一大批综合利用的水利枢纽工程和大型水电站，如辽宁省大伙房、北京市密云、浙江省新安江、湖南省柘溪、湖北省丹江口和葛洲坝、甘肃省刘家峡、四川省龚嘴、青海省龙羊峡等工程。

随着水利水电建设事业的发展，施工机械的装备能力迅速增长，已经具有实现高强度快速施工的能力，施工技术水平不断提高，进行了长江、黄河等大江大河的截流，采用了光面爆破、预裂爆破、岩塞爆破、振冲加固、化学灌浆、防渗墙、预应力锚索、钢模、滑模、人工制砂、碾压混凝土施工等新技术新工艺；土石坝工程、混凝土坝工程和地下工程的综合机械化组织管理水平逐步提高。水利工程施工的发展，为水利水电事业展示出一片广阔的前景。

第二节　土石坝施工

土石坝包括各种碾压式土坝、堆石坝和土石混合坝，是一种充分利用当地材料的坝型。土石坝施工简便，可就地取材，料源丰富、对地质条件要求低，造价较便宜，因其诸多优势，建成数量很多，是水利水电工程中重要的坝型之一。

土石坝按坝体防渗结构形式，一般可分为均质土坝、土质防渗体坝和非土质材料防渗体坝。土石坝按施工方法的不同，主要可分为干填碾压、水中填土、水力充填和定向爆破修筑等类型。国际均以碾压式土石坝采用最为广泛。

碾石式土石坝的施工，包括准备作业、基本作业、辅助作业和附加作业。

准备作业包括"一平三通"，即平整场地、通车、通水、通电，架设通信线路，修建生产、生活福利、行政办公用房以及排水清基等项工作。

基本作业包括料场土石料开采，挖、装、运、卸以及坝面铺平、压实、质检等项作业。

辅助作业是指保证准备作业及基本作业顺利进行，创造良好工作条件的作业，包括清除施工场地及料场的覆盖，从上坝土料中剔除超径石块、杂物，坝面排水、层间刨毛和加水等。

附加作业是指保证坝体长期安全运行的防护及修整工作，包括坝坡修整，铺砌护面块石及铺植草皮等。

一、料场规划

土石规用料量很大，在选坝阶段需对土石料场全面调查，施工前配合施工组织设计，要对料场做深入勘测，并从空间、时间、质与量诸方面进行全面规划。

所谓空间规划，系指对料场位置、高程的恰当选择，合理布置。土石料的上坝运距尽可能短些，高程上有利于重车下坡，减少运输机械功率的消耗。近料场不应因取料影响坝的防渗稳定和上坝运输；也不应使道路坡度过陡引起运输事故。坝的上下游、左右岸最好都选有料场，这样有利于上下游左右岸同时供料，减少施工干扰，保证坝体均衡上升。用料时原则上应低料低用，高料高用，当高料场储量有富余时，也可高料低用。同时料场的位置应有利于布置开采设备、交通及排水通畅。对石料场尚应考虑与重要建筑物、构筑物、机械设备等保持足够的防爆、防震安全距离。

所谓时间规划，就是要考虑施工强度和坝体填筑部位的变化。随着季节及坝前蓄水情况的变化，料场的工作条件也在变化。在用料规划上应力求做到上坝强度高时用近料场，低时用较远的料场，使运输任务比较均衡。对近料和上游易淹的料场应先用，远料和下游不易淹的料场后用；含水量高的料场旱季用，含水量低的料场雨季用。在料场使用规划中，还应保留一部分近料场供合龙段填筑和拦洪度汛高峰强度时使用。此外，还应对时间和空间进行统筹规划，否则会产生事与愿违的后果。例如甘肃省碧口土坝，施工初期由于料源不足，规划不落实，导流后第一年度汛时就将4.5km以内的砂砾料场基本用完，而以后逐年度汛用料量更大，不得不用相距较远料场，不仅增加了不必要的运输任务，而且也给后期各年度汛增加了困难。

料场质与量的规划，是料场规划最基本的要求，也是决定料场取舍的重要因素。在选择和规划使用料场时，应对料场的地质成因、产状、埋深、储量以及各种物理力学指标进行全面勘探和试验。勘探精度应随设计深度加深而提高。在施工组织设计中，进行用料规划，不仅应使料场的总储量满足坝体总方量的要求，而且应满足施工各个阶段最大上坝强度的要求。料尽其用，充分利用永久和临时建筑物基础开挖渣料是土石坝料场规划的又一重要原则。为此应增加必要的施工技术组织措施，确保渣料的充分利用。

料场规划还应对主要料场和备用料场分别加以考虑。前者要求质好、量大、运距近，且有利于常年开采；后者通常在淹没区外，当前者被淹没或因库区水位抬高，土料过湿或其他原因中断使用时，则用备用料场保证坝体填筑不致中断。在规划料场实际可开采总量时，应考虑料场查勘的精度、料场天然容重与坝体压实容重的差异，以及开挖运输、坝面清理、返工削坡等损失。实际可开采总量与坝体填筑量之比一般为：土料2~2.5、砂砾料1.5~2、水下砂砾料2~3、石料1.5~2。反滤料应根据筛后有效方量确定，一般不宜小于3。另外，料场选择还应与施工总体布置结合考虑，应根据运输方式、强度来研究运输线路的规划和装料面的布置。料场内装料面应保持合理的间距，间距太小会使道路频繁搬迁，影响工效；间距太大影响开采强度，通常装料面间距取100m为宜。整个场地规划还应排水通畅，全面考虑出料、堆料、弃料的位置，力求避免干扰以加快采运速度。

二、土石料的开挖与运输

筑坝材料按坝料性质分为土料、砂砾料和石料；坝料挖运方法有机械挖运、爆破开采配合机械挖运和爆破挖运，前者适合于土料和砂砾料，后者适合石料或用于定向爆破筑坝。

（一）土石料的开采与加工

料场开采前应做好以下准备工作：规划料场范围；分期分区清理覆盖层；设置排水系统；修建施工道路；修筑辅助设施。

坝体开采与加工，应参考已建工程经验，结合本工程情况，进行必要的现场试验，选择合适的工艺过程。

1．土料的开采

土料开采主要分为立面开采和平面开采。当土层较厚、天然含水量接近填筑含水量、土料层次较多、各层土质差异较大时，宜采用立面开采方法。规划中应确定开采方向、掌子面尺寸、先锋槽位置、采料条带布置和开采顺序。在土层较薄、土料层次少且相对均匀、天然含水量偏高需翻晒减水的情况下，宜采用平面开采方法，规划中应根据供料要求、开采和处理工艺，将料场划分成数区，进行流水作业。

2．土料的加工

土料的加工包括调整土料含水量、掺和、超径料处理和某些特殊的处理要求。降低土料含水量的方法有挖装运卸中的自然蒸发、翻晒、掺料、烘烤等方法。提高土料含水量的方法有在料场加水，在开挖、运料、运输过程中加水等。

3．砂砾料和堆石料的开采

砂砾料开采分为水上开采和水下开采。陆上开采用一般挖运设备即可；水下开采，一般用采砂船和索铲开采。当水下开采砂砾石料含水量高时，需加以堆放排水。

4．超径料的处理

当砂砾石中含有少量超径石时，常用装耙的推土机先在料场中初步清除，然后在坝体填筑面上再做进一步清除。当超径颗粒含量较多时，可根据具体地形布置振动筛加以筛分。

土石料挖运机械包括挖掘机械、铲运机械和运输机械三大类。

（1）挖掘机械

挖掘机械的种类繁多，就其构造及工作特点，有循环单斗式和连续多斗式之分。就其传动系统又有索式、链式和液压传动之分。液压传动具有突出的优点，现代工程机械多采用液压传动。

1）单斗式挖掘机

以正向挖掘机为代表的单斗式挖掘机，有柴油和电力驱动两类，后者又称为电铲。挖掘机有回转、行驶和挖掘三个装置。

机身回转装置由固定在下机架与供旋转使用的底座齿轮相啮合的回转轴承组成。回转轴由安装在回转台上的发动机驱动，由它带动整个机身回转。

行驶装置有在轨道上行驶的，也有无轨气胎式的，应用最多的是灵活机动、对地面压强最小的履带行驶机构。

挖掘装置主要有挖斗，斗沿有切土的斗齿，挖斗与斗柄相连，而斗柄与动臂通过铰和斗柄液压缸相连。

正向伊挖掘机有强有力的推力装置，能挖掘I～II级土和破碎后的岩石。机型常根据挖斗容量来区分。

若要挖掘停机地面以下深处和进行水下开挖，还可将正向铲挖掘机的工作机构改装成用索具操作铲斗的索铲和合瓣式抓斗的抓铲。

2）多斗式挖掘机

斗轮式挖掘机是陆地上使用较普遍的一种多斗连续式挖掘机。美国在建造圣路易·沃洛维尔高土坝时，仅用了一台斗轮式挖掘机即承担了该工程66%的采料任务，其小时生产率达2300m³/h。该机装有多个挖斗，开挖料先卸入输送皮带，再卸入卸料皮带导向卸料口装车。陕西省石头河水库，也采用了这种设备，取得了很好的效果。

（2）铲运机械

1）推土机

推土机以拖拉机为原动机械，另加切土刀片的推土器，既可薄层切土又能短距离推运。推土机按行走方式分为履带式和轮胎式，按动力传动方式分为机械式、液力机械式和全液压式，按工作装置分为直铲、角铲和U形铲等，按发动机功率分为轻型（30～74kW）、中型（75～220kW）、大型（220～520kW）、特大型（>520kW），按用途分为通用型和专用型。履带式推土机适应于各种作业场合。

2）铲运机

铲运机按行驶方式，可分为牵引式和自行式。前者用拖拉机牵引铲斗，后者自身有行驶动力装置。现在多用自行式，因其结构轻便，可带较大的铲斗，行驶速度高，多用低压轮胎，有较好的越野性能。

国产茫运机的伊斗容量一般为6～7m³。国际大容量铲运机多用底卸式，其斗容量高达57.5m³。铲运机的经济运距与铲斗容量有关，一般在几百米至几千米以内。大容量的铲运机要求牵引力大，运行的灵活性相对降低。

（3）运输机械

运输机械分为循环式和连续式两种。前者有有轨机车相机动灵活的汽车。一般工程自卸汽车的吨位是10～35t，汽车吨位大小应根据需要并结合路况条件来考虑。最常用的连续式运输机械是带式运输机。根据有无行驶装置，分为移动式和固定式两种，前者多用于短程运输和散体材料的装卸堆存，后者多用于长距离运输。固定式常采用分段布置，每段一般在200m以内。

三、坝体填筑与压实

当坝基、岸坡及隐蔽工程验收合格并经监理工程师批准后，就可开始填筑坝体。填筑坝体时，防渗心墙应与上下游反滤料及部分坝壳料平起填筑，跨缝碾压，宜采用先填反滤料后填土料的平起填筑法施工。防渗斜墙宜与下游反滤料及部分坝壳料平起填筑，斜墙也可滞后于坝壳料填筑，但需预留斜墙、反滤料和部分坝壳料的施工场地，且已填筑坝壳料必须削坡至合格面，经监理工程师验收后方可填筑。由于碾压式土石坝的坝体是分层填筑起来的，所以坝体填筑主要是进行坝面作业。坝面作业包括基本作业和辅助作业，基本作业包括铺料、压实和质检等主要工序，辅助作业包括洒水和刨毛等工序。坝面作业各工序通过流水作业在不同坝段完成。

（一）铺料

坝基经处理合格后或下层填筑面经压实合格后，即可开始铺料。铺料包括卸料和平料，两道工序相互衔接，紧密配合完成。铺料方法主要与上坝运输方法、卸料方式和坝料的类型有关，主要有以下几种。

1．自卸汽车卸料、推土机平料

斜墙防渗体土料主要有黏性土和砾质土等，铺料时应注意以下问题：

采用进占法铺料。做法是推土机和汽车都在刚铺平的松土上行进，逐步向前推进。要避免所有的汽车行驶在同一条道路，因为自卸汽车，特别是10～15t以上的中、重型汽车，若反复多次在压实土层上行驶，会使土体产生弹簧、光面与剪切破坏，严重影响土层间结合质量。

推土机功率必须与自卸汽车载重吨位相配。如果汽车斗容过大，而推土机功率过小，则每一车料要经过推土机多次推运，才能将土料铺散、铺平，在推土机履带的反复碾压下，会将局部表层土压实，甚至出现弹簧土和剪切破坏，造成汽车卸料困难，更严重的是容易产生平土厚薄不均。

定量卸料。为了使推土机平料均匀，不致造成大面积过厚、过薄的现象，应根据每一填土区的面积，按铺土厚度定出所需的土方量，从而定出所需卸料的车数，有计划地按车数卸料。

沿坝轴线方向铺料。防渗体填筑面一般较窄，为了防止两侧坝料混入防渗体，杜绝因漏压而形成贯穿上下游的渗流通道，一般不允许车辆穿越防渗体，所以严禁垂直坝轴线方向铺料。特殊部位，如两岸接坡处、溢洪道边墙处以及穿越坝体建筑物等结合部位，只能垂直坝轴线方向铺料时，在施工过程中，质检人员应现场监视，严禁坝料掺混。

铺土厚度均匀，严禁超厚。汽车卸料后，应立即铺散，不能积压成堆。每一卸料地点只能允许卸一车料。推土机平料过程中，应及时检查铺土厚度，严禁超厚，发现厚薄不均的部位应及时处理。

反滤层和过渡层常用砂砾料，铺料方法采用常规的后退法卸料，即自卸汽车在压实面上卸料，推土机在松土堆上平料。这种方法的优点是可以避免平料造成的粗细颗粒分离，汽车行驶方便，可提高铺料效率。反滤料填筑次序大体可分为消坡法、挡板法和土砂松坡接触平起法。

前两种方法主要与人力施工相适应，已不再采用。土砂松坡接触平起法已成为规范化施工方法，该方法一般分为先砂后土法、先土后砂法和土砂平起法。先砂后土法是先铺一层反滤料，再填筑两层土料。该法施工方便，工程上采用较多。

心墙上、下游或斜墙下游的坝壳各为独立的作业区，在区内各工序进行流水作业。坝壳一般选用砂砾料或堆石料。由于堆石料往往含有大量的大粒径石料，不仅影响汽车在坝料堆上行驶和卸料，也影响推土机平料，并易损坏推土机履带和汽车轮胎。为此，必须采用进占法卸料，即自卸汽车在铺平的坝面上行驶和卸料，推土机在同一侧随时平料。这样，大粒径块石易被推至铺料的前沿下部，细料填入堆石料间空隙，使表面平整，便于车辆行驶。

2．移动式皮带机上坝卸料、推土机平料

皮带机上坝卸料，适用于黏性土、砂砾料和砾质土。利用皮带机直接上坝，配合推土机平料，或配合伊运机运料和平料。此方法不需专门道路，但随着坝体升高需要经常移动皮带机。为防止粗细颗粒分离，推土机采用分层平料，每次铺层厚度为要求的1/2～1/3，推距最好在20m左右，最大不超过50m。

3．铲运机上坝卸料和平料

铲运机是一种能综合完成挖、装、运、卸、平料等工序的施工机械。当料场位于距大坝800～1500m范围内，散料距离在300～600m范围内时，使用伊运机是经济有效的。铲运机铺料时，平行于坝轴线依次卸料，从填筑面边缘逐行向内铺料，空机从压实合格面上返回取土区。铺到填筑面中心线后，铲运机反向运行，接续已铺土料逐行向填筑面的另一半的外缘铺料，空机从刚铺填好的松土层上返回取土区。

坝面铺料时应注意以下几个问题：

填筑区段划分，即分施工段。在坝面铺料时，应结合压实，将填筑面分成若干区段，以便坝体填筑的各工序流水作业，使机械和坝面得到充分利用，并避免相互干扰。坝面区段划分大小主要根据碾压机械的类型、坝体填筑面大小和上坝强度而定，一般取50～100m为宜。当坝面区段划分好后，如填筑面较宽，可半边铺料，半边压实；如填筑面较窄，则可采用几个区段间流水作业，以减少干扰和提高效率。

边坡处预留削坡富裕宽度。坝体边坡部位的土和砂砾料，在无侧限的情况下难以压实，甚至在碾压机械的作用下产生裂缝。为保证设计断面，靠近上下游边坡铺料时，应留一定的富裕宽度。富裕宽度与碾压机械的种类和铺土厚度有关，一般可取0.5m。对于富裕部分进行削坡处理。

（二）压实

1．土料压实原理

土石坝填方的自身稳定主要靠坝料内部的阻力来维持。坝料内部阻力以及坝体的防渗性能都随坝料的密实度增大而提高。坝料密实度的提高是通过压实机械的外力作用实现的。

土料是三相体，即由固相的土粒、液相的水膜和气相的空气所组成。通常土粒和水是不会被压缩的。所以，土料压实的实质是将水膜包裹的土粒挤压填充到土粒间的空隙里，使土料的空隙减少，密实度提高。土料性质不同，其内阻力也不同，因此使之密实的作用外力也不同。

2．压实机械及压实方法

根据压实作用力来划分，通常有碾压、夯击、振动压实三种机具。随着工程机械的发展，又有振动和碾压同时作用的振动碾，产生振动和夯击作用的振动夯等，常用的压实机有以下几种。

（1）羊脚碾

羊脚碾与平碾不同，在碾压滚筒表面设有交错排列的截头圆锥体，状如羊脚。钢铁空心滚筒侧面设有加载孔，加载孔大小根据设计需要确定。加载物料有铸铁块和砂砾石等。碾滚的轴由框架支承，与牵引的拖拉机用杠辕相连。羊脚的长度随碾滚的重量增加而增加，一般为碾滚直径的1/6～1/7。羊脚过长，其表面面积过大，压实阻力增加，羊脚端部的接触应力减小，影响压实效果。

羊脚碾的羊脚插入土中，不仅使羊脚端部的土料受到压实，而且使侧向土料受到挤压，从而达到均匀压实的效果。在压实过程中，羊脚对表层土有翻松作用，无需刨毛就能保证土料良好的层间结合。

（2）振动碾

振动碾是压路机的一种，由驾驶装置、动力装置、激振装置、钢碾轮和车架等组成。振动碾按钢轮数量有单钢轮式和双钢轮式，后者碾实堆石料时不方便驾驶，水电工程中多采用前者。振动碾按行走方式有轮胎式和牵引式。轮胎式振动碾采用铰接式车架，将后轮与前面的碾轮连为一体；牵引式振动碾则需要履带式拖拉机或推土机牵引。牵引式振动碾具有结构简单、振动力大的特点。我国目前使用较多的是我国生产的YZT系列牵引式振动碾。

根据碾轮的形式，振动碾主要有振动平碾和振动凸块碾。有的机型钢轮采用活装式结构，一机兼有凸块轮与光面轮两种功能。现代坝面碾压已全部使用振动平碾和振动凸块碾。

（3）气胎碾

气胎碾有单轴和双轴之分。单轴气胎碾的主要构造是由装载荷重的金属车厢和装在轴上的4～6个气胎组成。碾压时在金属车厢内加载重，并同时将气胎充气至设计压力。为防止气胎损坏，停工时用千斤顶将金属箱支托起来，并把胎内的气放掉。

气胎碾在碾压土料时，气胎随土体的变形而变形。随着土体压实密度的增加，气胎的变形也相应增加，从而使气胎与土体的接触面积随之增大，始终能保持较为均匀的压实效果。刚性碾比较，气胎碾不仅对土体的接触压力分布均匀而且作用时间长，压实效果好，压实土料厚度大，生产效率高。

（4）夯板

夯板可以吊装在去掉土斗的挖掘机的臂杆上，借助卷扬机操纵绳索系统使夯板上升。夯击土料时将索具放松，使夯板自由下落，夯实土料，其压实铺土厚度可达1m，生产效率较高。对于大颗粒填料，用夯板夯实，其破碎率比用碾压机械压实大得多。为了提高夯实效果，适应夯实土料特性，在夯击黏性土料或略受冰冻的土料时，还可将夯板装上羊脚，即成羊脚夯。

夯板工作时，机身在压实地段中部后退移动，随夯板臂杆的回转，土料被夯实的夯迹呈扇形。为避免漏夯，夯迹与夯迹之间要套夯，其重叠宽度为10～15cm，夯迹排与排之间也要搭接相同的宽度。为充分发挥夯板的工作效率，避免前后排套压过多，夯板的工作转角以80°～90°为宜。

四、土石坝施工质量控制

土石坝工程施工中的质量检查和控制是保证工程达到施工质量和设计标准的重要措施，它贯穿于土石坝施工的各个环节和各道工序中。

（一）料场质量控制

各种坝料质量应以料场控制为主，必须是合格坝料才能运输上坝，不合格材料应在料场处理合格后才能上坝，否则应废弃。应在料场设置控制站，按设计要求和施工技术规范进行料场质量控制，主要内容包括以下几点。

（1）坝料是否在规定的料区范围内开采，开采前是否将草皮、覆盖层清除干净。

（2）坝料开采、加工方法是否符合规定。

（3）排水系统、防雨措施、低温下施工措施是否完善。

（4）坝料性质、级配、含水率是否符合设计要求。

反滤料铺筑前应取样检查，规定每200～500m³取一个样，检查颗粒级配、含泥量及软弱颗粒含量。如不符合设计要求和规范规定时，应重新加工，经检查合格后方可使用。

（二）坝体填筑质量控制

坝体填筑质量应重点检查以下项目是否符合要求。

（1）各填筑部位的边界控制及坝料质量，防渗体与反滤料、部分坝壳料的平起关系。

（2）碾压机具规格、重量，振动碾振动频率、激振力、气胎碾气胎压力等。

（3）铺料厚度和施工参数。

（4）防渗体碾压面有无光面、剪切破坏、弹簧土、漏压或欠压、裂缝等。

（5）防渗体每层铺土前，压实表面是否按要求进行了处理。

（6）与防渗体接触的岩石上的石粉、泥土及混凝土表面乳皮等杂物的处理情况。

（7）与防渗体接触的岩石或混凝土表面是否涂有泥浆等。

（8）过渡料、堆石料有无超径石、大块石集中和夹泥等现象。

（9）坝体与坝基、岸坡、刚性建筑物等的结合，纵横向接缝的处理与结合，土砂结合处的压实方法及施工质量。

五、土石坝的冬期和雨期施工

冬雨期施工，特别是黏性土料的冬雨期施工，常成为土石坝施工的障碍。它使施工的有效工作日大为减少，造成土石坝施工强度不均，增加施工过程中拦洪、度汛的难度，甚至延误工期。因此，采取经济、合理、有效的措施进行冬、雨季作业很有必要。

（一）冬期施工

严寒时土料冻结会给施工造成极大困难，故规范规定：当日平均气温低于0℃时，黏性土按低温季节施工；当日平均气温低于-10℃时，一般不宜填筑土料，否则应进行技术经济论证。

土料按低温季节施工的关键是防冻。土石坝的冬期作业可采取防冻、保温、加热等措施，三者虽有区别，却又相互补充。

1．防冻

首先是降低土料的含水量。对砂砾料，在入冬前应挖排水沟和截水沟以降低地下水位，使砂砾料的含水量降到最低限度；对黏性土，将含水量降到塑限的0.9倍，且在施工中不再加水。若土料中混有冻土块，其含量不得超过15%，且不能在填土中集中，冻土块的直径不能超过铺土层厚的1/3～1/2。

防冻的另一项措施是降低土料的冻结温度。加拿大的肯尼坝在斜墙填筑时，在土料中掺入1%的食盐，使填筑工作在-12℃的低温下仍能继续进行，保证施工的连续作业和快速施工，有利于防冻；美国布朗里坝冬季施工中，采用严密的施工组织，严格控制施工速度，保证土料在运输和填筑过程中热量损失最小，在下层土未冻结前迅速覆盖上一层，并及时清除冻土，施工时气温低于-12℃。可见高度机械化施工，特别是压实过程采用重型碾和夯击机械，保证快速施工，是土料冬季压实的有效手段。

2．保温

保温也是为了防冻，但保温的特点在于隔热，土料的隔热方法有：

（1）覆盖隔热材料，对采掘面积不大的料场可覆盖树枝、树叶、干草、锯末等保温隔热。

（2）覆盖积雪，积雪是天然的隔热保温材料，在土层上覆盖一定厚度的积雪，有一定保温效果。

（3）冰层保温，在开挖土料上面留0.5m高的畦坝，每隔1.5m设支承柱，入冬后在畦坝内充水，待结成冰层后，将冰层下的水放出，于是在冰层下形成隔热保温的空气夹层。

（4）松土保温，在寒潮来前，将拟开采的料场表层翻松、击碎，并平整至25～35cm厚度，利用松土内的空气隔热保温。

3．加热

当气温过低、风速过大，一般保温措施不能满足要求时，则需采用加热和保温结合的暖棚作业，在棚内用蒸气和火炉升温。蒸气可以通过暖气管和暖气包放热。暖棚作业的费用较高，搭盖的空间有限，只有在冬季较长，工期特紧，质量要求高，工作面狭长的情况下采用。辽宁大伙房水库建设即采用暖棚法，保证了在-40℃下正常施工。

（二）雨期施工

在雨期，因防渗体的黏土含水量太高，直接影响了压实质量和施工进度。雨季作业通常采取如下三种措施。

1．改造黏性土料特性，使之适应雨季作业

改造土料特性适应雨季作业的工程实例不少。例如我国援助阿尔巴尼亚兴建的菲尔泽土石坝，为改善防渗土料特性采用了花岗岩风化碎屑与黏土的混合料施工，不仅满足了防渗要求，而且减少了坝体的差异沉陷。土料中掺和砂砾石料是在料场中进行的。

2．合理安排施工，改进施工方法

通常从以下三方面考虑。

（1）采用合理的取土方式，对含水量偏高的土料，采用推土机平层松土取料，有利于降低含水量。

（2）采用合理的堆存方式，晴天多采土料，加以翻晒，然后堆成土堆，并将土堆的表面压实抹光，以利排水，这便形成储备土料的临时土库。土库储土的过程就是使含水量匀化的过程。

（3）采用合理的施工安排，充分利用气象预报资料，晴天安排修筑黏性防渗体，雨天或雨后多安排修筑非黏性的坝壳料。

3．增加防雨措施，保证更多有效工作日

对工作面狭长的截水墙填土，可以搭建防雨棚，保证丽天施工，雨后不停工或少停工。当雨量不大，历时不长，可在降雨前迅速撤离施工机械，然后用平碾或振动碾将坝面铺土压成光面，并使坝面略向外倾斜，以利排水。对来不及压实的松土用帆布和塑料薄膜加以覆盖。

4．合理利用土料

无论是黏土心墙还是黏土斜墙，靠岸边都有变坡转折的问题。在变坡转折部位，利用高含水量、高塑性的土料填筑，既可减少降低含水量的措施和费用，又可以避免裂缝的发生，增加对坝体变形的适应能力。

第三节　混凝土坝施工

水泥混凝土是土木工程最重要的建筑材料，其广泛应用于交通、工民建、水利、化工、原子能和军事等工程。在水利水电工程中混凝土的用量尤为巨大，使用范围几乎涉及所有水工建筑物。

由于水利水电建设中混凝土工程量大，消耗水泥、木材、钢材多，施工各个环节质量要求高，投资消耗大，因此，认真研究混凝土坝工程施工技术，对加快施工进度，节约"三材"，提高质量，降低工程成本具有重要意义。混凝土坝在高坝中占的比重较大，特别是重力坝、拱坝应用最普遍。在混凝土坝施工中，大量砂石骨料的采集、加工，水泥和各种掺和料、外加剂的供应是基础，混凝土制备、运输和浇筑是施工的主体，模板、钢筋作业是必要的辅助。

一、骨料料场规划与生产

砂石骨料是混凝土最基本的组成成分，水工混凝土工程对砂石骨料的需求量相当大，其质量的优劣直接影响混凝土强度、水泥用量和温控的要求，从而影响工程的质量和造价。为此，要认真做好骨料料场规划，研究骨料的物理力学性能，控制好骨料的质量，把提好开采、运输、加工和堆存等各个环节。

（一）骨料的料场规划

骨料料场规划是骨料生产系统设计的基础。伴随设计阶段的深入，料场勘探精度的提高，要提出相应的最佳用料方案。最佳用料方案取决于料场的分布、高程，骨料的质量、储量、天然级配、开采条件、加工要求、弃料多少、运输方式、运距远近、生产成本等因素。

骨料料场规划应遵循如下原则：

（1）满足水工混凝土对骨料的各项质量要求，其储量力求满足各设计级配的需要，并有必要的富裕量。

（2）选用的料场，特别是主要料场，应场地开阔，高程适宜，储量大，质量好，开采季节长。

（3）选择可采率高，天然级配与设计级配较为接近的料场。

（4）料场附近有足够的回车和堆料场地，且占用农田少。

（5）选择开采准备工作量小，施工简便的料场。

（二）骨料的生产

1. 骨料的加工

天然骨料需要通过筛分分级，人工骨料需要通过破碎、筛分加工。混凝土生产系统骨料生产工艺流程的设计，主要根据骨料来源，级配要求，生产强度，堆料场地以及有无商品用料要求等全面分析比较确定。同时应根据开采加工条件及机械设备供应情况，确定各生产环节所需要的机械设备种类、数量和型号，按流程组成自动化或半自动化的生产流水线。

2. 骨料开采量的确定

骨料开采量取决于混凝土中各种粒径料的需要量。若第 i 组骨料所需的净料量为 q_i，则要求开采天然骨料的总量 Q_i，可按下式计算：

$$Q_i = (1+k)\, \frac{q_i}{p_i}$$

式中： k ——骨料生产过程的损失系数，为各生产环节损失系数的总和，即 $k = k_1 + k_2 + k_3 + k_4$；

p_i ——天然骨料中第i种骨料粒径含量的百分数。

由于天然级配与混凝土的设计级配难以吻合，其中总有一些粒径的骨料含量较多，另一些粒径短缺。若为了满足短缺粒径的需要而增大开采量，将导致其余各粒径的弃料增加，造成浪费。为避免浪费，减少弃料，减少开采总量，可采取如下措施。

（1）调整混凝土骨料的设计级配，在允许的情况下，减少短缺骨料的用量，但随之可能会使水泥用量增加，引起水化热温升增高、温度控制困难等一系列问题，故需通过比较才能确定。

（2）用人工骨料搭配短缺料，天然骨料中大石多于中小石比较常见，故可将大石破碎一部分去满足短缺的中小石。采用这种措施，应利用破碎机的排矿特性，调整破碎机的出料口，使出料中短缺骨料达到最多，尽量减少二次破碎和新的弃料，以降低加工费用。

3. 骨料生产能力的确定

严格说来，骨料生产能力由其需求量来确定，实际需求量与各阶段混凝土浇筑强度有关，也与上一阶段结束时的储存量有关。若骨料还须销售，则销售量也是供需平衡的一个因素。

4. 天然骨料的开采设备

天然骨料开采，在河漫滩多采用索铲，它是正向铲挖掘机工作机构改装为索具操纵的铲斗；采砂船是在一定水深中采掘砂藤石的机械。它是将斗链式挖掘机的工作机构装在特制的船上进行工作的。采砂船的开挖方式视采区地形、水流情况、运输方式及运输线路布置而异，有顺水开挖，逆水开挖和静水开挖；铲扬式单斗挖泥船是一种可在深水中作业的自行式大型采砂船，它的小时生产率可达750m³/h，能在水深达15m的流水中作业。

（三）骨料加工和加工设备

采集的毛料，一般需通过破碎、筛选和冲洗，制成符合级配，除去杂质的碎石和人工砂。

1. 骨料破碎

骨料的破碎使用碎石机，常用的碎石机有颚板式、反击式和锥式三种。

（1）颚板式碎石机

碎石机由机架、传动装置和破碎槽等组成。破碎率一般为6~8。一次破碎不合要求，进行二次破碎比弃料更经济时，可进行二次破碎，形成闭路循环的生产工艺。

（2）反击式碎石机

它是利用马达带动高速旋转的转子冲击物料，使物料沿切线以较高的速度抛向反击板进行撞击，而后又反弹回到转子旋转的空间内反复碰撞，从而使石料碎裂。被破碎的小粒径物料由转子和反击板间的间隙中排出。这种破碎机适用于中细碎，其结构简单，安装方便，运行安全可靠。

（3）锥式碎石机

碎石机由活动的内锥体与固定的锥形机壳构成破碎室，内锥体装在偏心轴上，此轴顶端为可动的球形铰，通过伞齿传动，使偏心轴带动内锥体作偏心转动，从而使内锥体与外机壳间的距离忽大忽小，大时石料经出料口下落。小时将骨料挤压破碎。这种破碎机破碎的石料扁平状较少，单位产品能耗低，生产率高；但其结构较前两种复杂，体形和自重大，安装和维修也较复杂。

2．骨料筛分

振动筛在筛分厂用于对骨料进行分级。按振动特点不同，振动筛可分为偏心振动筛、惯性振动筛、自定中心振动筛、重型振动筛和共振筛等几种类型。其共同特点是振动频率高、振幅小、当强烈振动时，细粒料易于筛出，因此可以获得较高的生产率和筛分效率。

（1）偏心振动筛

偏心振动筛，其筛架安装在偏心主轴上，电动机驱动偏心轴回转带动筛架做环形运动而产生振动。偏心振动筛的特点是振幅保持不变，即不随给料量的多少而发生变化，因而不易发生给料过多而引起筛孔堵塞的现象。它的振动频率一般为840～1200次/min，振幅为3～6mm，筛网2～3层，适用于筛分大、中颗粒的骨料。工程中，常用这种筛分机担任第一道筛分任务。

（2）惯性振动筛

惯性振动筛，其筛架通过两侧支承钣簧固定在支座上，筛架上装有偏心轴而产生振动。其特点是振幅受负荷变化的影响较大，如给料过多、重量过大时，容易发生筛孔的堵塞，因而要求均匀给料。它的振动频率一般为1200～2000次/min，振幅为1.5～6mm，适用于筛分中、细骨料。

3．洗砂机

粗骨料筛洗后的砂水混合物进入沉砂池，泥浆和杂质通过沉砂池上的溢水口溢出，较重的砂颗粒沉入底部，通过洗砂设备即可制砂。常用的洗砂设备是螺旋洗砂机。它是一个倾斜安放的半圆形洗砂槽，槽内装有1～2根附有螺旋叶片的旋转主轴。斜槽以18°～20°的倾斜角安放，低端进砂，高端进水。由于螺旋叶片的旋转，使被洗的砂受到搅拌，并移向高端出料口，洗涤水则不断从高端通人，污水从低端的溢水口排出。

4.骨料加工厂

大规模的骨料加工，常将加工机械设备按工艺流程布置成骨料加工厂。其布置原则是：充分利用地形，减少基建工程量；有利于及时供料，减少弃料；成品获得率高，通常达到85%～90%。当成品获得率低时，可考虑利用弃料进行二次破碎，构成闭路生产循环。在粗碎时多为开路生产循环，在中、细碎时采用闭路生产循环。

以筛分作业为主的加工厂称为筛分楼，其布置常用皮带机送料上楼，经两道振动筛筛分出五种级配骨料，砂料则经沉砂箱和洗砂机清洗为成品砂料，各级骨料由皮带机送到成品料场堆存。骨料加工厂的位置宜尽可能靠近混凝土拌和系统，以便共用成品料堆场。

（四）骨料的堆存

为了适应混凝土生产的不均衡性，可利用堆场储备一定数量的骨料，以解决骨料的供求矛盾。骨料储量的多少，主要取决于生产强度和管理水平，通常可按高峰时段月平均值的50%～80%考虑，汛期、冰冻期停采时，须按停采期骨料需用量外加20%的裕度考虑。

1.骨料堆存的质量要求

（1）尽量减少骨料的转运次数，控制卸料跌落高度在3m以内，以减少石子跌碎和分离。

（2）在进入拌和机前，砂料的含水量应控制在5%以内，以免影响混凝土质量。

（3）堆料场内还应设排污和排水系统，以保持骨料的洁净。

（4）砂料堆场应有良好的脱水系统，砂料要有3d以上的堆存时间，以利脱水。

2.骨料堆场的形式

堆料料仓通常用隔墙划分，隔墙高度可按骨料动摩擦角34°～37°加超高值0.5m确定。

大中型堆料场一般采用地弄取料。地弄进口高出堆料地面，地弄底板宜设大于5%的纵坡，以利排水。各级成品料取料口不宜小于三个，且宜采用事故停电时能自动关闭的弧门。骨料堆场的布置主要取决于地形条件、堆场设备及进出料方式，其典型布置形式有如下几种。

（1）台阶式。堆料与进料地面有一定高差，由汽车或机车卸料至台阶下，由地弄廊道顶部的弧门控制给料，再由廊道内的皮带机出料。

（2）栈桥式。在平地上堆料可架设栈桥，在栈桥桥面安装皮带机，经卸料小车向两侧卸料，料堆呈棱柱体，由廊道内的皮带机出料。

（3）堆料机堆料。堆料机机身可以沿轨道移动，由悬臂皮带机送料扩大堆料的范围。为了增大堆料容积，可在堆料机轨道下修筑一定高度的路堤。

二、模板和钢筋作业

模板和钢筋作业是钢筋混凝土工程的重要辅助作业。合理组织模板和钢筋作业，不仅对保证混凝土工程质量，加快施工进度具有重大意义，而且会带来明显的经济效益。

（一）模板作业

1. 模板的作用

模板的主要作用是对新浇塑性混凝土起成型和支承作用，同时还具有保护和改善混凝土表面质量的作用。

2. 模板的基本类型

根据制作材料的不同，模板可分为木模板、钢模板、混凝土和钢筋混凝土预制模板；根据架立和工作特征，模板可分为固定式、拆移式、移动式和滑动式。固定式模板多用于起伏的基础部位或特殊的异形结构；拆移式、移动式和滑动式可重复或连续在形状一致或变化不大的结构上使用，有利于实现标准化和系列化。

（1）拆移式模板

它适用于浇筑块表面为平面的情况，可做成定型的标准模板。桁架梁多用方木和钢筋制作。当浇筑块薄时，上端用钢拉条对拉；当浇筑块大时，则采用斜拉条固定，以防模板变形。这种模板费工、费料，由于拉条的存在，有碍仓内施工。

（2）移动式模板

对定型的建筑物，根据建筑物外形轮廓特征，做一段定型模板，在支承钢架上装上行驶轮，沿建筑物长度方向铺设轨道分段移动，分段浇筑混凝土。移动时，只需将顶推模板的花兰螺丝或千斤顶收缩，使模板与混凝土面脱开，模板可随同钢架移动到拟浇混凝土部位，再用花兰螺丝或千斤顶调整模板至设计浇筑尺寸。移动式模板多用钢模，作为浇筑混凝土墙和隧洞混凝土衬砌使用。

（3）自升式模板

这种模板是由面板、支承桁架和爬杆等组成，这种模板的突出优点是自重轻，自升电动装置具有力矩限制与行程控制功能，运行安全可靠，升程准确。模板采用插挂式锚钩，简单实用，定位准，拆装快。

（4）滑升模板

这类模板的特点是在浇筑过程中，模板的面板紧贴混凝土面滑动，以适应混凝土连续浇筑的要求。这样避免了立模、拆模工作，提高了模板的利用率，同时省掉了接缝处理工作，使混凝土表面平整光洁，增强建筑物的整体性。

（5）混凝土及钢筋混凝土模板

它们既是模板，也是建筑物的护面结构，浇筑后作为建

筑物的外壳，不予拆除。素混凝土模板靠自重稳定，可作直壁模板，也可作倒悬模板。

混凝土模板既可作建筑物表面的镶面板，也可作厂房、空腹坝空腹和廊道顶拱的承重模板。这样避免了高架立模，既有利于施工安全，又有利于加快施工进度，节约材料，降低成本。

预制混凝土和钢筋混凝土模板质量均较大，常需起重设备起吊，所以在模板预制时都应预埋吊环供起吊用。对于不拆除的预制模板，对模板与新浇混凝土的接合面需进行凿毛处理。

3．模板的设计荷载

模板及其支承结构应具有足够的强度、刚度和稳定性，必须能承受施工中可能出现的各种荷载的最不利组合，其结构变形应在允许范围以内。模板及其支架承受的荷载分基本荷载和特殊荷载两类。

（1）基本荷载

①模板及其支架自重，根据设计图确定。木材的表观密度：针叶类按600kg/m³计算；阔叶类按800kg/m³计算。

②新浇混凝土重量，通常按2.4～2.5t/m³计算。

③钢筋重量，根据设计图确定。一般钢筋混凝土，钢筋重量可按100kg/m³计算。

④工作人员及浇筑设备、工具的荷载。计算模板及直接支承模板的楞木（围图）时，可按均布荷载2.5kPa及集中荷载2.5kN验算；计算支承楞木的构件时，可按1.5kPa计算；计算支架立柱时，按1kPa计算。

⑤振捣混凝土时产生的荷载，可按照1kPa计算。

⑥新浇混凝土的侧压力，是侧面模板承受的主要荷载。侧压力的大小与混凝土浇筑速度、浇筑温度、坍落度、入仓振捣方式及模板变形性能等因素有关。在无实测资料的情况下，可参考相关规定选用。

（2）特殊荷载

①风荷载，根据现行《工业与民用建筑物荷载规范》确定。

②其他荷载，可按实际情况计算。如超重堆料、工作平台重、平仓机重、非对称浇筑产生的混凝土水平推力等。

4．模板安装

模板安装的内容有内业和外业之分。内业是指配板设计，即根据图纸上建筑物形状与尺寸选定模板的类型和数量，确定模板的连接与支撑方式，并制定模板安装和拆除的操作规程。

外业包括模板的制作、运输、安装、拆除和维修等内容。

模板安装前，必须按设计图纸测量放样，测量的精度应高于模板安装的允许偏差，但模板安装偏差须在允许范围内。安装大跨度承重模板宜适当起拱，以使承载变形后的形状能符合设计要求。

立模方法因模板类型和安装部位而异。大型整装模板常采用专门的模板起重机吊装或利用浇筑混凝土的起重机吊装，其他模板则可利用50kV以下的汽车式起重机等小型起重设备吊装。模板安装作业，必须严格遵守起重安全技术规程，谨防事故发生。

模板拆除时间应根据设计要求、气温和混凝土强度增长情况而定。除符合工程施工图纸的规定外，还应遵守下列规定：

（1）不承重侧面模板，应在混凝土强度达到其表面及棱角不因拆模而损坏时，方可拆除。

（2）在墩、墙和柱部位的模板，应在其强度不低于3.5MPa时，方可拆除。

（3）承重模板的拆除应符合施工图纸要求，并遵守上述规定。

（二）钢筋作业

1．钢筋的加工

钢筋的加工包括调直、除锈、配料与画线、切断、弯曲和焊接等工序。

（1）调直和除锈

盘条状的细钢筋，通过绞车冷拉调直后方可使用。呈直线状的粗钢筋，当发生弯曲时才需用弯筋机调直，直径在25mm以下的钢筋可在工作台上手工调直。

钢筋除锈的主要目的是保证其与混凝土间的握裹力。因此，在钢筋使用前需对钢筋表层的鱼鳞锈、油渍和漆皮加以清除。钢筋去锈的方法有多种，可借助钢丝刷或砂堆手工除锈，也可用风砂枪或电动去锈机机械除锈，还可用酸洗法化学除锈。新出厂的或保管良好的钢筋一般不需除锈。采用闪光对焊的钢筋，其接头处则要用除锈机严格除锈。

（2）配料与画线

钢筋配料是指施工单位根据钢筋结构图计算出各钢筋的直线下料长度、总根数以及钢筋总重量，据以编制出钢筋配料单，作为备料加工的依据。施工中钢筋品种或规格与设计要求不相符合时，应征得设计部门同意并按规范指定的原则进行钢筋代换。从降低钢筋损耗率考虑，钢筋配料要按照长料长用、短料短用和余料利用的原则下料。画线是指按配料单上标明的下料长度用粉笔或石笔在钢筋应剪切的部位进行勾画的工序。

（3）切断与弯曲

钢筋切断有手工切断、切断机切断和氧炔焰切割等方法。手工切断采用钢筋钳，一般只能用于直径不超过12mm的钢筋，12～40mm直径的钢筋一般都采用切断机切断，而直径大于40mm的圆钢则采用氧炔焰切割或用型材切割机切割。

钢筋的弯制包括划线、试弯、弯曲成型三道工序。钢筋弯制分手工弯制和机械弯制两种，手工弯制只能弯制直径小于20mm的钢筋。工程中，除了直径不大的箍筋外，一般钢筋都采用机械弯制。

（4）焊接

在水利工程中，钢筋焊接通常采用闪光对焊、电弧焊、电阻点焊、电渣压力焊和埋弧压力焊等方法。

闪光对焊是利用对焊机将两段钢筋对头接触，且通低压强电流，待钢筋端部加热变软后，轴向加压顶锻形成对焊接头，因钢筋在加热过程中会产生闪光故称为闪光对焊。闪光对焊一般在钢筋加工厂进行，主要用于不同直径或相同直径的钢筋接长，且能保持轴心一致。由于其加工成本低、焊接质量好、工效较高，所以热乳钢筋的接长宜优先采用闪光对焊。

钢筋对焊根据钢筋品种、直径、墙面平整度及对焊机的容量不同，可采用连续闪光焊、预热—闪光焊和闪光—预热—闪光焊等工艺。

交流或直流电弧焊机能使焊条与焊件在接触时产生高温电弧而熔化，待其冷却凝固以形成焊缝或接头，这种焊接工艺称为电弧焊。电弧焊具有设备简单、操作灵活、成本低，焊接性能好等特点，因此广泛地应用于工程现场的钢结构焊接、钢筋骨架焊接、钢筋接头、钢筋与钢板的焊接、装配式结构接头的焊接等。

电阻点焊是利用电流通过焊件产生的电阻热作为热源，并施加一定的压力，使交叉连接的钢筋接触处形成一个牢固的焊点，将钢筋焊合起来。用于交叉钢筋焊接的电阻点焊，在工程中可代替绑扎焊接钢筋骨架和钢筋网。按使用场合不同，点焊机分为单点式、多头式、手提式和悬挂式。单点式点焊机用于较粗钢筋的焊接；多头式点焊机用于钢筋网焊接；手提式点焊机多用于施工现场；悬挂式点焊机用于钢筋骨架或钢筋网的焊接。

电渣压力焊是将两根钢筋安放成竖向对接形式，利用焊接电流通过两钢筋端面间隙，在焊剂层下形成电弧和电渣过程，产生电弧热和电阻热，熔化钢筋，再施加压力使钢筋焊牢的一种焊接方法。钢筋电渣压力焊机操作方便、效率高，适用于竖向或斜向受力钢筋的连接，钢筋级别为I、II级，直径为14～40mm。

埋弧压力焊是利用焊接电流通过时在焊剂层下产生的高温电弧，形成熔池，经加压顶锻完成的一种压焊方法。具有生产效率高、质量好等优点，适用于各种预埋件、T形接头、钢筋与钢板的焊接。

2．钢筋的安装

根据建筑物结构尺寸，加工、运输、起重设备的能力，钢筋的安装可采用散装和整装两种方式。散装是将加工成型的单根钢筋运到工作面，按设计图纸绑扎或电焊成型。散装对运输要求相对较低，不受设备条件限制，但工效低，高空作业安全性差，且质量不易保证。对机械化程度较高的大中型工程，已逐步为整装所代替。

整装是将加工成型的钢筋，在焊接车间用点焊焊接交叉结点，用对焊接长，形成钢筋网和钢筋骨架。整装件由运输机械成批运至现场，用起重机具吊运入仓就位，按图拼合成形。整装在运、吊过程中要采取加固措施，合理布置支承点和吊点，以防过大的变形和破坏。实践证明：整装不仅有利于提高安装质量，而且有利于节约材料，提高工效，加快进度，降低成本。

无论整装还是散装，钢筋都应避免油污，安装的位置、间距、保护层及各个部位的型号、规格均应符合设计要求。

三、混凝土制备和运输

（一）混凝土的制备

混凝土制备是按照混凝土配合比设计要求，将其各组成材料（砂石、水泥、水、外加剂及掺和料等）拌和成均匀的混凝土料，以满足浇筑的需要。混凝土制备的过程包括储料、供料、配料和拌和。其中，配料和拌和是主要生产环节，也是质量控制的关键。

1．混凝土配料

混凝土配料要按照配合比设计要求，将各种组成材料拌制成均匀的拌和物。混凝土配料一律采用重量法，其精度直接影响混凝土质量。配料精度的要求是：水泥、掺和料、水、外加剂溶液为±1%，砂石料为±2%。

2．水泥的储存

考虑到质量和经济等因素，水利工程上普遍采用散装水泥拌制混凝土。散装水泥一般采用罐储量为50～1500t的圆形罐储存，其装卸与转运工作主要由风动泵或螺旋输送器运输完成。袋装水泥多用于水泥用量不大的零星工程，一般储存于满足防潮要求的水泥仓库之中，但需按品种、强度等级和出厂日期分区堆放，以防错用。

3．混凝土拌和

（1）拌和方法

混凝土拌和方法有人工拌和与机械拌和两种。由于人工拌和劳动强度大、混凝土质量不易保证，生产效率低，现已很少使用。下面重点介绍机械拌和，主要有以下3种。

①混凝土搅拌机。按工艺条件不同，混凝土搅拌机可分连续式和循环式两种基本类型。在连续式搅拌系统中，原材料的称配、搅拌与出料整个过程是连续进行的。而循环式搅拌机则需要将原材料的称配、搅拌与出料等工序依次完成。目前，中国采用的循环式搅拌机主要是自落式和强制式两类搅拌机。其中，自落式搅拌机又有双锥式和鼓筒式之分，自落式搅拌机多用于拌制常规混凝土；强制式搅拌机多用于拌制干硬性或高性能混凝土。

②搅拌楼。大中型水利工程普遍采用搅拌楼拌制混凝土，搅拌楼多由型钢搭建装配而成。具有占地面积小、运行可靠、生产率高以及便于管理的特点。搅拌楼常按工艺流程分层布置，分为进料、储料、配料、拌和及出料五层，其中配料层是全楼的控制中心。搅拌楼各层设备由电子传动系统操作。水泥、掺和料和骨料用提升机和皮带机分别运送至储料层的分格仓内。各分格仓下均配置自动秤和配料斗，称量过的物料汇入集料斗后由给料器送进搅拌机，拌和水则由自动量水器计量后注入搅拌机。拌和层内通常设置2～6台1m³以上的双锥形倾翻式搅拌机，其生产容量有2×1.5m³、3×1m³、4×3m³、2×3m³等。拌制好的混凝土卸入出料层，开启气动弧门便可将混凝土拌和物排入运输车辆的料罐中。

③搅拌站。中小型水利工程、分散工程及零星工程也采用由数台搅拌机联合组成的搅拌站拌制混凝土。在搅拌机数量不多时，搅拌站可在台阶上呈一字形布置；而数量较多的搅拌机则布置于沟槽两侧相向排列。搅拌站的配料可由机械或人工完成，布置供料与配料设施时应考虑料场位置、运输路线和进出料方向。现代混凝土搅拌站一般由双卧轴强制式搅拌机、配料机、水泥储罐、风压系统以及计算机控制系统组成。

（2）混凝土生产率的确定

施工阶段，混凝土系统需满足的小时生产能力一般根据施工组织设计安排的高峰月混凝土浇筑强度计算。根据已计算的混凝土生产率及搅拌楼的生产率，最终确定搅拌楼的数量。搅拌楼的生产率有相应的规格。

（3）搅拌时间

混凝土拌和质量直接和拌和时间有关，混凝土的拌和时间应通过试验确定。

（4）搅拌机的投料顺序

采用一次投料法时，先将外加剂溶入拌和水，再按砂一水泥一石子的顺序投料，并在投料的同时加入全部拌和水进行搅拌。采用二次投料法时，先将外加剂溶入拌和水中，再将骨料与水泥分两次投料，第一次投料时加入70%拌和水后搅拌，第二次投料时再加入余下的30%拌和水同时搅拌。实践表明，用二次投料法拌制的混凝土均匀性好，水泥水化反应也充分，混凝土强度可提高10%以上。

（二）混凝土的运输

1．混凝土运输的基本要求

混凝土运输是整个混凝土施工中的一个重要环节，对工程质量和施工进度影响较大。混凝土在运输过程中应满足下列基本要求：

（1）防止在运输过程中骨料离析，措施是避免振荡、减少转运、控制自由下落高度及浇筑前二次拌匀等。

（2）防止混凝土配合比改变，措施是防止砂浆漏失、避免日晒雨淋、拌和均匀不泌水等。

（3）防止混凝土发生初凝，措施是控制运输时间和注意初凝时间的季节性变化等。

（4）防止外界气温的影响，措施是根据外界气温的变化，及时在混凝土运输工具及浇筑地点采取遮盖或保温设施。

（1）防止混凝土入仓有差错，措施是避免入仓混凝土的品种和强度等级混杂和错用。

2．混凝土运输设备

混凝土运输包括两个运输过程：一是从搅拌机前到浇筑仓前，主要是水平运输；二是从浇筑仓前到仓内，主要是垂直运输。

（1）混凝土的水平运输

混凝土的水平运输又称为供料运输。常用的运输方式有轨道运输、汽车运输、翻斗车运输、胶轮车运输、皮带机运输和管道压运等，水平运输方式的选择，主要与浇筑方案、搅拌楼的位置、取料方式、地形条件等因素有关。

（2）混凝土的垂直运输

混凝土垂直运输主要依靠起重机械，如门机、塔机、缆机和履带式起重机等。

（3）塔带机运输

混凝土塔带机集水平运输与垂直运输于一体，是塔机和带式输送机的有机组合，它主要由塔式起重机和带式输送机系统组成。带式输送机系统由喂料皮带、转料皮带和内、外布料皮带组成。与塔带机连接的皮带机，可以一直延伸至搅拌楼，每相隔一定距离，设支撑柱，皮带机可以通过柱上的液压千斤顶装置上升或下降，以满足混凝土大坝的施工要求。

（4）混凝土泵运输

混凝土泵也是一种集水平与垂直运输于一体的运输设备。这种设备简单灵活，但生产率低，适于混凝土级配小、班落度大、仓面狭小和结构配筋稠密部位的混凝土运输。

四、混凝土浇筑和养护

混凝土浇筑的施工过程包括浇筑前的准备工作、混凝土的入仓铺料、平仓振捣和浇筑后的养护四个环节。

（一）浇筑前的准备工作

浇筑前的准备工作包括基础面的处理、施工缝处理、模板安装、钢筋和预埋件安设等。

1. 基础面处理

对于砂砾地基，应清除杂物，整平基面，再浇10～20cm低强度等级混凝土垫层，以防漏浆；对于土基，应先铺碎石，盖上湿砂压实后，再浇混凝土；对于岩基，应清除表面松软岩石、棱角和反坡，并用高压水枪冲洗，若粘有油污和杂物，可用金属丝刷刷洗，最后再用风吹至岩面无积水。

2. 施工缝处理

施工缝是指因施工条件限制或人为因素所造成的新老混凝土之间的结合缝。为保证新老混凝土结合牢固并满足水工建筑物整体性和抗渗性要求，必须进行施工缝处理。施工缝处理包括清除乳皮和游离石灰、仓面清扫和铺设砂浆三道工序。

3. 仓面模板、钢筋和预埋件的安设与检查

模板安装后需检查的内容包括定位的准确性、支撑的牢固性、拼装的严密性、板面的洁净性、脱模剂涂刷的均匀性以及弯曲拉条的纠正情况等。钢筋架立后应检查其保护层厚度、位置、规格、间距和数量的准确性以及绑焊的牢固性等。另外，对止水、预埋件也应全面检查。

4. 仓面布置的检查

仓面布置要满足从开仓至收仓正常浇筑的需要，检查的主要内容有仓面是否准备就绪、施工所需的工具设备配备数量及其完好率、照明器材与插座布设情况及其安全性、水电及压缩空气供应的可靠性、劳动组合的合理性等。

（二）入仓铺料

混凝土入仓铺料方式有平层铺筑法、阶梯铺筑法和斜层铺筑法。

平层铺筑法是混凝土按水平层连续地逐层铺填，第一层浇完后再浇第二层，依次类推直至达到设计高度。平层铺筑法具有铺料层厚度均匀，混凝土便于振捣，不易漏振；能较好地保持老混凝土面的清洁，保证新老混凝土之间的结合质量等优点。铺料层的厚度确定，主要与拌和能力、振捣器性能、混凝土浇筑速度、运距和气温有关，一般为30～50cm。平层铺筑法因浇筑层之间的接触面积大，应注意防止出现冷缝。

当仓面面积大而混凝土的制备、运输和浇筑能力无法满足要求时，可采用斜层法浇筑或阶梯法浇筑，以免出现冷缝。采用斜层法浇筑时，层面坡度控制在i°以内，斜层法施工存在易产生流动而引起粗骨料分离的缺点。故工程上较多采用阶梯法浇筑混凝土。

（三）平仓与振捣

1．平仓

平仓就是把卸入仓内成堆的混凝土很快摊平到要求的厚度。平仓不好，会造成混凝土的架空以及混凝土离析、泌水、混凝土漏振等现象。小型仓面一般采用人工持锹平仓或借助振捣器平仓，大型仓面则用推土机平仓。需要指出的是，振捣器平仓不能代替下道振捣工序，因为振捣时间过长，将引起粗骨料的下沉而使混凝土离析。

2．振捣

振捣的目的是尽可能减少混凝土中的空隙，使混凝土获取最大的密实性，以保证混凝土质量。混凝土振捣的方式有多种，一般通过振捣器来完成。在施工现场使用的振捣器有内部振捣器、表面振捣器和附着式振捣器。插入式振捣器应用最广泛，而又以电动硬轴式在大体积混凝土振捣中应用较普遍，其振动影响半径大，捣实质量好、使用较方便；软轴式应用于钢筋密集、结构单薄的部位。

插入式振捣器的振动有效半径与振动力大小和混凝土的坍落度有关，须通过试验确定。为了避免漏振，应按格形或梅花形排列振点垂直振捣。振捣时间过长，不但降低工效，且使砂浆上浮过多，石子集中下部，混凝土产生离析，振捣时间过短则难以振捣密实。

在大型水利工程中普遍采用成组振捣器。成组振捣器是在推土机上持3～6个大直径风动或液力驱动振捣器用于振捣，其推土刀片用于平仓。

（四）混凝土养护

混凝土养护是指在混凝土浇筑完毕后的一段时间内保持适当的温度和足够的湿度，以形成混凝土良好的硬化条件。养护是保证混凝土强度增长，不发生开裂的必要措施。养护分洒水养护和养护剂养护两种方法，洒水养护通常是在混凝土表面覆盖上草袋或麻袋，并用带有多孔的水管不间断地洒水，养护剂养护就是在混凝土表面喷一层养护剂，等其干燥成膜后再覆盖上保温材料。混凝土应连续养护，养护时间不宜少于28d，有特殊要求的部位宜适当延长养护时间，养护期内始终保持混凝土表面的湿润。

五、混凝土施工质量控制

混凝土质量是影响混凝土结构可靠性的一个重要因素，为保证结构的可靠性，为了获得符合设计要求的混凝土，必须对原材料、施工各环节及硬化后的混凝土进行全过程的质量控制。

（一）原材料的质量检测与控制

混凝土原材料的质量应满足我国颁布或部委颁发的水泥、混合材料、砂石骨料和外加剂的质量标准，必须对原材料的质量进行检测与控制，并建立一套科学的质量管理方法。对原材料进行检测的目的是检查材料的质量是否符合标准，并根据检测结果调整混凝土配合比和改善生产工艺，评定原材料的生产控制水平。

（二）拌和混凝土质量的检测与控制

混凝土质量检测与控制的重点是出拌和机后未凝固的新拌混凝土的质量，目的是及时发现施工中的失控因素，避免造成质量事故。同时也成型一定数量的强度检测试件，用来评定是否满足要求。

（三）浇筑过程中混凝土的检测与控制

混凝土出拌和机以后，经运输到达仓内，不同环境条件和运输工具对混凝土的和易性产生不同影响。由于水泥水化作用的影响，仓面应进行混凝土坍落度检测。另外，检查已浇筑混凝土的状况，判断其是否已初凝，从而决定是否继续浇筑，是仓面质量控制的重要内容。混凝土温度的检测也是仓面质量控制的内容。

（四）硬化混凝土的检测

混凝土硬化以后，是否符合设计要求，可进行以下各项内容检查：

（1）用物理方法（超声波、γ射线、红外线等）检测裂缝、孔隙和弹性模量等。

（2）钻孔压水，并对芯样进行抗压、抗拉、抗渗等各种试验。

（3）大钻孔取样，1m或更大直径的钻孔不仅可把芯样加工后进行各种试验，而且人可进入孔内检查。

（4）由坝内埋设的仪器（如温度计、测缝计、渗压计、应力应变计、钢筋计等）观测建筑物运行时各种性状的变化。

六、特殊季节的混凝土施工

（一）混凝土的冬期施工

混凝土在低温时，水化作用明显减缓，强度增长受到阻滞。实践证明，当气温在-3℃以下时，混凝土易受早期冻害，其内部水分开始冻结成冰，使混凝土疏松，强度和防渗性能降低，甚至会丧失承载能力。故规范规定"日平均气温稳定在5℃以下或最低气温稳定在-3℃以下时"作为冬期混凝土施工的气温标准。

1. 混凝土允许受冻的标准

现行提出以"成熟度"作为混凝土允许受冻的标准。"成熟度"是英国绍尔根据其试验，发现混凝土在低于-10℃时，强度停止增长，得到成熟度计算式。

用普通硅酸盐水泥——$R = \sum(T + 10)\Delta t$

用矿渣大坝水泥——$R = \sum(T + 5)\Delta t$

式中：R——成熟度，℃·h；

　　　T——混凝土在养护期内的温度，℃；

　　　Δt——养护期的时间，h。

采用成熟度作为混凝土允许受冻的标准，不仅与当今国际使用的衡量标准一致，而且它能更准确地反映混凝土的实际强度，测定养护温度和养护时间也比较方便。

2. 冬期混凝土施工

混凝土冬期施工通常采取以下措施。

（1）施工组织上合理安排，将混凝土浇筑安排在有利的时期进行，保证混凝土的成熟度达到1800℃·h后再受冻。

（2）创造混凝土强度快速增长的条件，冬季作业中采用高热或快凝水泥，减少水灰比，加速凝剂和塑化剂，加速凝固，增加发热量，以提高混凝土的早期强度。

（3）增加混凝土拌和时间，冬季作业混凝土的拌和时间一般应为常温的1.5倍。

（4）减少拌和、运输、浇筑中的热量损失，应采取措施尽量缩短运输时间，减少转运次数。

（5）预热拌和材料。

（6）增加保温、蓄热和加热养护措施。

3．混凝土养护方法

冬期混凝土施工可以采用以下几种养护方法。

（1）蓄热法。将混凝土内部水化热保存起来，保证混凝土在结硬过程中强度不断增长。蓄热法是一种不需另外采取加热措施的简单而经济的养护方法，应优先采用。只有采用蓄热法不满足要求时，才增加其他养护措施。

（2）暖棚法。对体积不大、施工集中的部位可搭建暖棚，棚内安设蒸气管路或暖气包加温。搭建暖棚费用很高，包括采暖费，可使混凝土单价提高50%以上，故规范规定，只有"当日平均气温低于-10℃时"，才必须在暖棚内浇筑。

（3）电热法。在浇筑块内插上电极，利用交流电通电到混凝土内部，以混凝土自身作为电阻，把电能转变成加热混凝土的热能。电热法耗电量大，故只在电价低廉，小构件混凝土冬季作业中使用。

（4）蒸汽法。采用蒸汽养护，适宜的温度和湿度可使混凝土的强度迅速增长。常压下蒸汽养护效果视养护温度而定，温度低于60℃效果不够好，在60℃下养护两昼夜可达常温下28天强度的70%，在80~90℃时养护效果最理想，但施工现场的保温条件，很难保持这个温度。蒸汽养护成本较高，一般只适用于预制构件的养护。

（二）混凝土的夏期施工

气温超过30℃，混凝土浇筑时若不采取冷却降温措施，便会对混凝土质量产生不良影响。其不良后果主要表现在混凝土容易产生假凝，工作度降低，初凝过快，混凝土内部水化热难以散发，当气温骤降或水分蒸发过快，易引起表面裂缝。浇筑块体冷却收缩时因基础约束会引起贯穿裂缝，破坏坝的整体性和防渗性能。所以规范规定，当气温超过30℃时，混凝土生产、运输、浇筑等各个环节应按夏期作业施工。混凝土的夏期作业，就是采取一系列的预冷降温、加速散热及充分利用低温时刻浇筑等措施来实现的。

必须指出的是，混凝土温度控制措施的费用很高，宜以满足降温要求为约束条件，以混凝土降温冷却及浇筑总费用最低为目标来确定夏期作业降温冷却的最佳组合。另外，就是根据实际气温，实时确定经济降温方式的组合，以及提供必要的供冷量，这样既可保证混凝土的施工质量，又能达到经济节约的目的。可采用系统优化和电子计算技术对混凝土温度进行实时控制。

第四节　施工导流

在江河上修建水工建筑物，施工期间往往与通航、筏运、生态保护、供水、灌溉或水电站运行等水资源综合利用的要求发生矛盾。

水利水电工程整个施工过程中的水流控制（简称施工水流控制，又称施工导流），广义上可以概括为：采取导、截、拦、蓄、泄等工程措施，来解决施工和水流蓄泄之间的矛盾，避免水流对水工建筑物施工的不利影响，把水流全部或部分导向下游或拦蓄起来，以保证水工建筑物的干地施工，在施工期内不影响或尽可能少影响水资源的综合利用。

施工导流设计的主要任务是：周密地分析研究水文、地形、地质、水文地质、枢纽布置及施工条件等基本资料，在满足上述要求的前提下，选定导流标准，划分导流时段，确定导流设计流量；选择导流方案及导流建筑物的形式；确定导流建筑物的布置、构造及尺寸；拟定导流建筑物修建、拆除、堵塞的施工方法以及截断河床水流、拦洪度汛和基坑排水等措施。正确合理的施工导流方案可以加快施工进度、降低工程造价，反之则会使工程施工遇到意外的障碍，拖延工期，增加投资，甚至会引起工程失事。

一、施工导流方式

河床上修建水利水电工程时，为了使水工建筑物能在干地施工，需要用围堰围护基坑，并将河水引向预定的泄水建筑物泄向下游，这就是施工导流。施工导流的方法大体上分为两类：一类是全段围堰法导流（即河床外导流）；另一类是分段围堰法导流（即河床内导流）。

（一）全段围堰法导流

全段围堰法导流是在河床主体工程的上下游各建一道拦河围堰，使上游来水通过预先修筑的临时或永久泄水建筑物（如明渠、隧洞等）泄向下游，主体建筑物在排干的基坑中进行施工，主体工程建成或接近建成时再封堵临时泄水道。这种方法的优点是工作面大，河床内的建筑物在一次性围堰的围护下建造，如能利用水利枢纽中的永久泄水建筑物导流，可大大节约工程投资。

1. 明渠导流

上下游围堰一次拦断河床形成基坑，保护主体建筑物干地施工，天然河道水流经河岸或滩地上开挖的导流明渠泄向下游的导流方式称为明渠导流。

（1）适用条件

明渠导流一般适用于岸坡平缓或有宽阔滩地的平原河道。如果坝址附近有老河道、垭口或洼地的情况应尽可能利用。在山区河道上，如果河槽形状明显不对称，也可以在滩地上开挖明渠，此时，通常需要在明渠一侧修建导水墙。

（2）明渠布置

导流明渠布置分在岸坡上和在滩地上两种布置形式。

①导流明渠轴线的布置。导流明渠应布置在较宽台地、古河道一岸；渠身轴线要伸出上下游围堰外坡脚，水平距离要满足防冲要求，一般为50～100m；明渠进出口应与上下游水流相衔接，与河道主流的交角以小于30°为宜；为保证水流畅通，明渠转弯半径应大于5倍渠底宽；明渠轴线布置应尽可能缩短明渠长度和避免深挖方。

②明渠进出口位置和高程的确定。明渠进出口力求不冲、不淤和不产生回流，可通过水力学模型试验调整进出口形状和位置，以达到这一目的；进口高程按截流设计选择，出口高程一般由下游消能控制；进出口高程和渠道水流流态应满足施工期通航、过木和排冰等要求；在满足上述条件下，尽可能抬高进出口高程，以减小水下开挖量。

（3）断面设计

①明渠断面尺寸的确定。明渠断面尺寸由设计导流流量控制，并受地形地质和允许抗冲流速影响，应按不同的明渠断面尺寸与围堰的组合，通过综合分析确定。

②明渠断面形式的选择。明渠断面一般设计成梯形，渠底为坚硬基岩时，可设计成矩形。有时为满足截流和通航的不同需求，也可设计成复式梯形断面。

③明渠糙率的确定。明渠糙率大小直接影响明渠的泄水能力，而影响明渠糙率的因素有衬砌的材料、开挖的方法、渠底的平整度等，可根据具体情况查阅有关手册确定。对大型明渠工程，应通过模型试验选取糙率。

2．隧洞导流

上下游围堰一次拦断河床形成基坑，保护主体建筑物干地施工，天然河道水流全部由导流隧洞宣泄的导流方式称为隧洞导流。

（1）适用条件

导流流量不大，坝址河床狭窄，两岸地形陡峻，如一岸或两岸地形、地质条件良好，可考虑采用隧洞导流。

（2）隧洞布置

导流隧洞的布置，取决于地形、地质、枢纽布置及水流条件等因素。具体要求和水工隧洞类似，应符合《水工隧洞设计规范》关于导流隧洞的有关规定。

①隧洞轴线沿线地质条件良好，足以保证隧洞施工和运行的安全。

②隧洞轴线宜按直线布置，如有转弯时，转弯半径不小于5倍洞径（或洞宽），转角不宜大于60°，弯道首尾应设直线段，长度不应小于3～5倍洞径（或洞宽）；进出口引渠轴线与河流主流方向夹角宜小于30°。

③隧洞间净距、隧洞与永久建筑物间距、洞脸与洞顶围岩厚度均应满足结构和应力要求。

④隧洞进出口位置应保证水力学条件良好，并伸出堰外坡脚一定距离，一般距离应大于50m，以满足围堰防冲要求。进口高程多由截流控制，出口高程由下游消能控制，洞底按需要设计成缓坡或急坡，避免成反坡。

隧洞断面尺寸的大小取决于设计流量、地质和施工条件，洞径应控制在施工技术和结构安全允许范围内。隧洞断面形式取决于地质条件、隧洞工作状况（有压或无压）及施工条件，常用的断面形式有圆形、马蹄形、方圆形。圆形多用于高水头处，马蹄形多用于地质条件不良处，方圆形有利于截流和施工，国际导流隧洞多采用方圆形。

设计中，糙率值的选择是十分重要的问题。糙率的大小直接影响到断面的大小，而衬砌与否、衬砌的材料和施工质量、开挖的方法和质量则是影响糙率大小的因素。一般混凝土衬砌糙率值为0.014～0.017；不衬砌隧洞的糙率变化较大，光面爆破时为0.025～0.032，一般炮眼爆破时为0.035～0.044。设计时根据具体条件，查阅有关手册，选取设计的糙率值。对重要的导流隧洞工程，应通过水工模型试验验证其糙率的合理性。

3．涵管导流

涵管导流一般在修筑土坝、堆石坝工程中采用。涵管通常布置在河岸岩滩上，其位置在枯水位以上，这样可在枯水期不修围堰或只修一小段围堰而先将涵管筑好，然后再修上下游全段围堰，将河水引经涵管下泄。

（1）适用条件

涵管导流一般用于导流量较小的河流上，或只用来担负枯水期的导流任务。因为涵管多是埋设在土石坝下的钢筋混凝土结构或砖石结构中，涵管过多对坝身结构不利，且使大坝施工受到干扰，因此坝下埋管不宜过多，单管尺寸也不宜过大，除少数工程外，导流流量一般不宜超过1000m³/s。

涵管一般为钢筋混凝土结构，造价较高，当有永久涵管可以利用时，采用涵管导流是有利的。当地形和地质条件不宜建隧洞和明渠时，应考虑采用涵管导流。

（2）涵管布置

涵管的管线布置、进出口体形及水力学问题均与导流隧洞相似，但因涵管被压在土石坝体下面，若布置不妥，或结构处理不善，就可能造成管道开裂、渗漏，导致土石坝失事。因此，涵管的布置还应注意以下几个问题：

①应尽量使涵管坐落在岩基上，如有可能，宜将涵管嵌入新鲜基岩中，大、中型涵管应有一半以上高度埋入为宜。

②涵管外壁与大坝防渗土料接触部位应设置截流环以延长渗径，防止接触渗透破坏。

③涵管的断面常用圆形、方圆形或矩形。大型涵管多用方圆形，如上部荷载较大，顶拱宜采用抛物线形。

（二）分段围堰法导流

分段围堰法也称分期围堰法或河床内导流，就是用围堰将建筑物分段分期围护起来进行施工的方法。

所谓分段就是从空间上将河床围护成若干个干地施工的基坑段进行施工。所谓分期，就是从时间上将导流过程划分成阶段。导流的分期数和围堰的分段数并不一定相同，因为在同一导流分期中，建筑物可以在一段围堰内施工，也可以同时在不同段围堰内施工。必须指出的是，段数分得越多，围堰工程量越大，施工也越复杂；同样，期数分得越多，工期有可能拖得越长。因此，在工程实践中，二段二期导流法采用得最多（如葛洲坝工程、三门峡工程等都采用了此法）。只有在比较宽阔的通航河道上施工，不允许断航或其他特殊情况下，才采用多段多期导流法（如三峡工程施工导流就采用二段三期的导流法）。

分段围堰法导流一般适用于河床宽阔、流量大、施工期较长的工程，尤其在通航河流和冰凌严重的河流上。这种导流方法的费用较低，国际一些大、中型水利水电工程多采用此方法。分段围堰法导流，前期由束窄的原河道导流，后期可利用事先修建好的泄水道导流。常见泄水道的类型有底孔、缺口等。

利用设置在混凝土坝体中的永久底孔或临时底孔作为泄水道，是二期导流经常采用的方法。若为临时底孔，则在工程接近完工或需要蓄水时加以封堵。这种导流方法在分段分期修建混凝土坝时用得比较普遍。

采用临时底孔时，底孔的尺寸、数目和布置应通过相应的水力学计算确定。其中底孔的尺寸在很大程度上取决于其担负的任务（导流、过木、过船、过鱼），以及水工建筑物的结构特点和封堵闸门设备的类型。底孔的布置应满足截流、围堰工程及其封堵等要求。

临时底孔的断面多采用矩形，为了改善孔周的应力状况，也可采用有圆角的矩形。按水工结构要求，孔口尺寸应尽量小，但若导流流量较大或有其他要求时，则应采用尺寸较大的底孔。

底孔导流的优点是：挡水建筑物上部的施工可以不受水流干扰，有利于均衡连续施工，这对修建高坝特别有利。若坝内有永久底孔可以利用时，则更为理想。底孔导流的缺点是：由于坝体内设置了临时底孔，使钢材用量增加；如果封堵质量不好，会削弱坝的整体性，还可能漏水；导流流量往往不大；在导流过程中，底孔有被漂浮物堵塞的危险；封堵时，由于水头较高，安放闸门及止水等工作均较困难。

（三）束窄河床导流

束窄河床导流适用于一期或前期导流。一般是在第一期围堰的保护下先建好泄水建筑物、船闸和厂房，并预留底孔，以备排泄第二期的导流流量。这时若第一台发电机组已装好又能满足初期发电的水位，便可提前投入运转。

一期导流的泄水道是被围堰束窄后的河床，如果河床的覆盖层为深厚较细的颗粒层，则束窄河床不可避免地要产生一定的冲刷，对于非通航河道，只要这种冲刷不危及围堰与河岸的安全，一般都是许可的，否则，需要考虑保护措施。

（四）坝体预留缺口导流

混凝土规施工过程中，当汛期河水暴涨暴落，其他导流建筑物不足以宣泄全部流量时，为了不影响坝体施工进度，使坝体在涨水时仍能继续施工，可以在未建成的坝体上预留缺口，以便配合其他建筑物宣泄洪峰流量，待洪峰过后，上游水位回落，再继续修筑缺口。

所留缺口的宽度和高度取决于导流设计流量、其他建筑物的泄水能力、建筑物的结构特点和施工条件。采用底坎高程不同的缺口时，为避免高低缺口单宽流量相差过大，产生高缺口向低缺口的侧向泄流，引起压力分布不均匀，需要适当控制高低缺口间的高差。

这种导流方法的优点是泄流量大，简单经济，但坝体本身须允许过水。

二、导流设计流量的确定

导流设计流量是选择导流方案、设计导流建筑物的主要依据。施工前，若能预报整个施工期的水情变化，据此拟定导流设计流量，最符合经济与安全施工的原则，但这种长期预报，目前还不准确，难以作为确定导流设计流量的依据，因此，导流设计流量一般需结合导流标准和导流时段的分析来确定。

（一）导流设计标准

导流设计流量是确定导流泄水建筑物和挡水建筑物规模的依据。导流设计流量的大小取决于导流设计的洪水频率标准，通常也称为导流设计标准。

施工期可能遇到的洪水，是一个随机事件。如果这个标准取得太高，势必造成所设计的导流挡水和泄水建筑物的规模过大、投资过高的情况，且完成这些临时建筑物的时间太长，从而延误工期；反之，若这个标准取得太低，又不能保证工程施工的安全，使工程施工陷于被动，必将造成更大的损失。

施工初期导流标准，按水利水电工程施工组织设计规范的规定，首先，需根据导流建筑物的下列指标，将导流建筑物分为Ⅲ～Ⅴ级。

（1）保护对象，指导流建筑物所保护的永久建筑物的级别。

（2）失事后果，指导流建筑物失事后对重要城镇、工矿企业、交通干线或工程总工期及第一台（批）机组发电时间的影响程度。

（3）使用年限，指导流建筑物服务的工作年限。

（4）工程规模，包括堰高和库容两个定量指标。

然后，根据导流建筑物的级别和类型，在水利水电工程施工组织设计规范规定的幅度内选定相应的洪水重现期作为初期导流标准。

实际上，导流标准受众多随机因素的影响。如果标准太低，不能保证施工安全；反之，则使导流工程设计规模过大，不仅增加导流费用，而且可能因其规模太大以致无法按期完成，造成工程施工的被动局面。因此，大型工程导流标准的确定，应结合风险度的分析，使所选标准更加经济合理。

（二）导流时段的划分

在工程施工的不同阶段，可以采用不同类型和规模的导流建筑物挡水和泄水，这些不同导流方法组合的顺序，称为导流程序。按照导流程序划分的各施工阶段的延续时间，称为导流时段。导流设计流量只有在导流标准和导流时段选择后，才能相应地确定。

导流建筑物的作用是为基坑内的永久建筑物安全施工提供必要的时间和工作面。显然，如有可能利用中、枯水期完成某一阶段的施工任务，就没有必要让围堰挡全年的洪水，这样便可大大降低临时建筑物的规模，获得较好的经济效益。但是，又不能不顾主体工程施工的安全及其所必需的施工时间，片面追求导流建筑物的效益。因此，合理划分导流时段是正确处理施工安全可靠和争取导流经济效益这对矛盾的重要手段。

（三）导流设计流量

1. 不过水围堰

应根据导流时段来确定。如果围堰挡全年洪水，其导流设计流量就是选定导流标准的年最大流量，导流挡水与泄水建筑物的设计流量相同；如果围堰只挡某一枯水时段，则按该挡水时段内同频率洪水作为围堰和该时段泄水建筑物的设计流量，但确定泄水建筑物总规模的设计流量，应按坝体施工期临时度汛洪水标准决定。

2. 过水围堰

允许基坑淹没的导流方案，从围堰工作情况看，有过水期和挡水期之分，显然它们的导流标准应有所不同。

过水期的导流标准应与不过水围堰挡全年洪水时的标准相同。其相应的导流设计流量主要用于围堰过水工况下，加固保护措施的结构设计和稳定分析，也用于校核导流泄水道的过水能力。各级流量下的流态、水力要素以及最不利溢流工况，应通过水力计算及水工模型试验论证。

挡水期的导流标准应结合水文特点、施工工期及挡水时段，经技术经济比较后选定。当水文系列较长，大于或等于30年时，也可根据实测流量资料分析选用。其相应的导流设计流量主要用于确定堰顶高程、导流泄水建筑物的规模及堰体的稳定分析等。

允许基坑淹没导流方案的技术经济比较，可以在研究工程所在河流水文特征及历年逐月实测最大流量的基础上，通过下述程序实现。

（1）根据河流的水文特征，假定一系列流量值，分别求出泄水建筑物上、下游水位。

（2）根据这些水位，决定导流建筑物的主要尺寸和工程量，估算导流建筑物费用。

（3）估算由于基坑淹没一次所引起的直接和间接损失费用。属于直接损失的有：基坑排水费、基坑清淤费、围堰及其他建筑物损坏的修理费、施工机械撤离和返回基坑的费用及受到淹没影响的修理费、道路和线路的修理费、劳动力和机械的窝工损失费等；属于间接损失的有：由于有效施工时间缩短而增加的劳动力、机械设备、生产企业规模和临时房屋等费用。

（4）根据历年实测水文资料，统计超过上述假定流量的总次数，除以统计年数得年平均超过次数，亦即年平均淹没次数。根据主体工程施工的跨汛年数，即可算得整个施工期内基坑淹没的总次数及淹没损失总费用。

三、导流方案的选择

水利水电枢纽工程施工，从开工到完建往往不是采用单一的导流方式，而是几种导流方式组合起来配合运用，以取得最佳的技术经济效果。这种不同导流时段、不同导流方式的组合，通常称为导流方案。选定合理可靠的导流方案是水利水电枢纽工程施工事关全局的首要问题，只有全面分析了影响导流方案的因素，结合不同工程的实际情况权衡其优劣，分清各种影响因素的主次，才能正确选定合理可靠的导流方案。

导流方案的选择受多种因素的影响。一个合理的导流方案，必须在周密研究各种影响因素的基础上，拟定几个可能的方案，并进行技术经济比较，从中选择技术经济指标优越的方案。选择导流方案时应考虑的主要因素如下：

（1）水文条件

河流的流量大小、水位变化的幅度、全年流量的变化情况、枯水期的长短、汛期洪水的延续时间、冬季的流冰及冰冻情况等，均直接影响导流方案的选择。一般来说，对于河床宽、流量大的河流，宜采用分段围堰法导流。对于水位变化幅度大的山区河流，可采用允许基坑淹没的导流方法，在一定时期内通过过水围堰和基坑来宣泄洪峰流量。对于枯水期不长的河流，如果不利用洪水期进行施工，就会拖延工期。对于有流冰的河流，应充分注意流冰的宣泄问题，以免流冰壅塞，影响泄流，造成导流建筑物失事。

（2）地形条件

坝区附近的地形条件，对导流方案的选择影响很大。对于河床宽阔的河流，尤其在施工期间有通航要求的河流，宜采用分段围堰法导流。当河床中有天然石岛或沙洲时，采用分段围堰法导流，更有利于导流围堰的布置，特别是纵向围堰的布置，例如，长江葛洲坝水利枢纽工程施工初期，就曾利用江心洲葛洲坝作为天然的纵向围堰，取得了良好的技术经济效果。在河床狭窄、岸坡陡峻、山岩坚实的地区，宜采用隧洞导流。至于平原河道，河流的两岸或一岸比较平坦，或有河湾、老河道可以利用，则宜采用明渠导流。

（3）地质及水文地质条件

河道两岸及河床的地质条件对导流方案的选择与导流建筑物的布置有直接影响。若河流两岸或一岸岩石坚硬，风化层薄，且抗压强度足够时，则选用隧洞导流较有利。如果岩石的风化层厚且破碎，或有较厚的沉积滩地，则适合于采用明渠导流。当采用分段围堰法导流时，由于河床的束窄，减少了过水断面的面积，使水流流速增大。这时为使河床不受过大的冲刷，避免把围堰基础掏空，应根据河床地质条件来决定河床可能束窄的程度。对于岩石河床，其抗冲刷能力较强，河床允许束窄程度较大，甚至有的达到88%，流速增加到7.5m/s；但对覆盖层较厚的河床，其抗冲刷能力较差，其束窄程度多不到30%，流速一般仅允许达到3.0m/s。此外，选择围堰形式、基坑是否允许淹没、能否利用当地材料修筑围堰等，也都与地质条件有关。水文地质条件则对基坑排水工作、围堰形式的选择、导流泄水建筑物的开挖等有很大关系。因此，为了更好地进行导流方案的选择，要对地质和水文地质勘测工作提出专门要求。

（4）水工建筑物的形式及其布置

水工建筑物的形式和布置与导流方案的选择相互影响，因此，在决定水工建筑物形式和布置时，应该同时考虑并初拟导流方案，而在选定导流方案时，则应充分利用建筑物形式和枢纽布置方面的特点。

如果枢纽组成中有隧洞、渠道、涵管、泄水孔等永久泄水建筑物，在选择导流方案时应尽可能加以利用。在设计永久泄水建筑物的断面尺寸并拟定其布置方案时，应充分考虑施工导流的要求。

采用分段围堰法修建混凝土坝枢纽时，应充分利用水电站与混凝土坝之间或混凝土坝溢流段和非溢流段之间的隔墙，将其作为纵向围堰的一部分，以降低导流建筑物的造价。在这种情况下，对于前期工程所修建的混凝土坝，应核算它是否能够布置后期工程导流的底孔或预留缺口。与此同时，为了防止河床冲刷过大，还应核算河床的束窄程度，保证有足够的过水断面宣泄流重。

（5）施工期间河流的综合利用

施工期间，为了满足通航、筏运、供水、灌溉、生态保护或水电站运行等的要求，导流问题的解决更加复杂。在通航河道上，大都采用分段围堰法导流。要求河流在束窄以后，河宽仍能便于船只的通行，水深要与船只吃水深度相适应，束窄断面的最大流速一般不应超过2.0m/s，特殊情况需与当地航运部门协商研究确定。

对于浮运木筏或散材的河流，在施工导流期间，要避免木材壅塞泄水建筑物的进口，或者堵塞束窄河床。在施工中后期，水库拦洪蓄水时要注意满足下游供水、灌溉用水和水电站运行的要求。有时为了生态保护的要求，还要修建临时过鱼设施，以便鱼群能正常洄游。

（6）施工进度、施工方法及施工场地布置

水利水电工程的施工进度与导流方案密切相关。通常是根据导流方案安排控制性进度计划。在水利水电枢纽施工导流过程中，对施工进度起控制作用的关键性时段主要有导流建筑物的完工期限、截断河床水流的时间、坝体拦洪的期限、封堵临时泄水建筑物的时间以及水库蓄水发电的时间等。各项工程的施工方法和施工进度直接影响到各时段导流任务的合理性和可能性。因此，施工方法、施工进度与导流方案是密切相关的。

在选择导流方案时，除了综合考虑以上各方面因素外，还应使主体工程尽可能及早发挥效益，简化导流程序，降低导流费用，使导流建筑物既简单易行，又适用可靠。

第五节　截　流

在施工导流中，只有截断原河床水流，才能把河水引向导流泄水建筑物下泄，在河床中全面开展主体建筑物的施工，这就是截流。

一、截流的基本程序

截流是施工导流中的一个关键环节，截流若不完成或不能如期完成，主体工程的河槽部分就不能施工，整个枢纽工程施工就无法展开，工程便无法完工，所以截流是整个枢纽施工中不可逾越的环节。同时，截流又是短时间、小范围、高强度的施工，是人与激流的一场决战，故在施工导流中，常把截流视为影响工程进度最重要的控制性项目之一。截流一般要经历以下几个施工程序：

（1）进占

当导流泄水建筑物完建后，在河床的一侧或两侧向河床中填筑截流戗堤，戗堤把河床束窄到一定程度后，形成了一个流速较大的龙口。

（2）龙口范围的加固

为了等待最佳封堵龙口时机，在合龙前对龙口河床及戗堤端部布设防冲措施，这两项工作也称护底和裹头。

（3）合龙

即封堵龙口的工作。

（4）闭气

合龙以后，龙口部位的戗堤虽已高出水面，但其本身仍然漏水，这时需在上游坡面抛投反滤和防渗材料，截断堤内的渗流。

闭气工作结束后，全部水流经过已建成的泄水建筑物宣泄至下游，即完成了戗堤截流的全过程。截流完成后，再对戗堤加高培厚，即形成了围堰。

二、截流的基本方法

河道截流有立堵法、平堵法、立平堵法、平立堵法、下闸截流以及定向爆破截流等多种方法，但基本方法为立堵法和平堵法两种。

（一）立堵法截流

立堵法截流是将截流材料，从龙口一端向另一端或从两端向中间抛投进占，逐渐束窄龙口，直至全部拦断。截流材料通常用自卸汽车在进占戗堤的端部直接卸料入水，或先在堤头卸料，再用推土机推入水中。

立堵法截流不需要在龙口架设浮桥或栈桥，准备工作比较简单，费用较低。但截流时龙口的单宽流量较大，出现的最大流速较高，而且流速分布很不均匀，需用单个重量较大的截流材料。截流时工作前线狭窄，抛投强度受到限制，施工进度受到影响。根据国际截流工程的实践和理论研究，立堵法截流一般适用于大流量、岩基或覆盖层较薄的岩基河床。对于软基河床只要护底措施得当，采用立堵法截流也同样有效。如宁夏青铜峡工程截流时，河床覆盖层厚达8～12m，采用护底措施后，最大流速虽达5.52m/s，未遇特殊困难而取得立堵截流的成功。立堵法截流是我国的一种传统方法，在大、中型截流工程中，一般都采用立堵法截流，如著名的三峡工程大江截流和三峡工程三期导流明渠截流。

（二）平堵法截流

平堵法截流事先要在龙口架设浮桥或栈桥，用自卸汽车沿龙口全线从浮桥或栈桥上均匀、逐层抛填截流材料，直至戗堤高出水面为止。平堵法截流时，龙口的单宽流量较小，出现的最大流速较低，且流速分布比较均匀，截流材料单个重量也较小，截流时工作前线长，抛投强度较大，施工进度较快。平堵法截流通常适用在软基河床上。

由于上述一些优点，在流量大的河流上，如苏联伏尔加河一些水利枢纽，都采用了浮桥平堵法截流；罗马尼亚—南斯拉夫的铁门水电站采用了钢桥平堵法截流；辽宁大伙房水库采用了木栈桥平堵法截流等。但一般说来，平堵法截流由于需架栈桥或浮桥，在通航河道上会碍航，而且技术复杂、费用较高。因此，我国大型工程中除大伙房、二滩等少数工程外，都采用立堵法截流。

截流设计首先应根据施工条件，充分研究各种方法对截流工作的影响，通过试验研究和分析比较来选定。有的工程亦有先用立堵法进占，而后在小范围龙口内用平堵法截流（立平堵法）。严格说来平堵法都先以立堵法进占开始，而后平堵，类似立平堵法，不过立平堵法的龙口较窄。

三、截流日期和截流设计流量

（一）截流日期

截流日期（时段）的选择，主要取决于河道的水文、气象条件、航运条件、施工工期及控制性进度、截流施工能力和水平等因素。截流应选在枯水期进行，至于截流具体时间，要保证截流以后，挡水围堰能在汛前修建到拦洪水位以上。截流时间应尽量提前，尽量安排在枯水期的前期。一般来说，宜安排在10～11月，南方一般不迟于12月底，在北方有冰凌的河流上，截流不宜在流冰期进行。

（二）截流设计流量

截流标准一般采用截流时段重现期5～10年的月或旬平均流量，如水文资料不足，可根据条件类似的工程来选择截流设计流量，并根据当地的实际情况和水文预报加以修正，作为指导截流施工的依据。

四、龙口位置和宽度

龙口位置及宽度的选择确定应遵守下列原则：①河床宽度小于80m时，可不安排预进占，不设置龙口；②应保证预进占段裹头不发生冲刷破坏；③截流龙口位置宜设于河床水深较浅、覆盖层较薄或基岩出露处；④龙口工程量宜小。

龙口位置的选择与地质、地形及水力条件有关。从地质条件来看，龙口应尽量选在河床抗冲刷能力强的地方，如基岩裸露或覆盖层较薄处，以免截流时因流速增大，引起过分冲刷。如果龙口段河床覆盖层较薄，则应清除，否则，应进行护底防冲；从地形条件来看，龙口河底不宜有顺水流向的陡坡和深槽。龙口周围应有比较宽阔的场地，离料场及特殊截流材料堆场的距离较近，便于布置交通道路和组织高强度施工；从水力条件来看，龙口一般应设置在河床主流部位，方向力求与主流顺直，使截流前河水能较顺畅地经由龙口下泄。对于有通航要求的河流，预留龙口一般均布置在深槽主航道处，有利于合龙前的通航。龙口有时也可设在河滩上，此时，为了使截流时的水流平顺，应在龙口上下游顺河流方向按流量大小开挖引河，这种做法可使一些准备工作无须在深水中进行，对确保施工进度和施工质量都有利。

龙口的宽度主要通过水力计算而定。对非通航河流，须考虑截流戗堤预进占所使用的材料尺寸和合龙工程量的大小。形成预留龙口前，通常均使用一般石渣进占，根据其抗冲流速可以计算出相应的龙口宽度；合龙是高强度施工，龙口的工程量不宜过大，以便一次性完成，迅速实现合龙，所以，在可能的情况下，龙口宽度应尽可能窄一些。为了提高龙口（尤其是位于河床覆盖层上的龙口）的抗冲刷能力，减少合龙工程量，须对龙口加以保护。对通航河流，因为在截流准备期通航设施尚未投入运用，船只仍需由龙口通过，故决定龙口的宽度时应着重考虑通航要求。

五、截流水力计算

截流水力计算的目的是确定龙口水力参数的变化规律，主要解决两个问题：①确定截流过程中龙口各水力参数，如单宽流量、落差及流速等的变化规律；②由此确定截流材料的类型、尺寸（或重量）及相应的数量等。这样，在截流前，就可以有计划、有目的地准备各种尺寸或重量的截流材料及其数量，规划截流现场的场地布置，选择起重、运输设备；在截流时，能预先估计不同龙口宽度的截流参数，何时何处应抛投何种尺寸或重量的截流材料及其方量等。

在截流过程中，上游来流量，也就是截流设计流量，分别经由龙口、分流建筑物及戗堤的渗漏通道下泄，并有一部分拦蓄在水库中。截流过程中，一般库容不大，拦蓄在水库中的水量可以忽略不计。对于立堵法截流，当渗漏不严重时，也可忽略经由戗堤渗漏的流量。

随着截流戗堤的进占，龙口逐渐被束窄，因此经分流建筑物和龙口的泄流量是变化的，但两者之和恒等于截流设计流量。其变化规律是：截流开始时，大部分截流设计流量经由龙口下泄，随着截流戗堤的进占，龙口断面不断缩小，上游水位不断上升，经由龙口的泄流量越来越小，而经由分流建筑物的泄流量则越来越大。龙口合龙闭气后，截流设计流量全部经由分流建筑物下泄。

六、截流材料和备料量

（一）截流材料

截流材料要充分利用当地材料，特别是尽可能利用开挖弃渣料。抛投料级配满足戗堤稳定要求，入水稳定，流失量少。开采、制作、运输方便，费用低。

目前，国际大河截流一般首选块石作为截流的基本材料。当截流水力条件较差时，使用混凝土六面体、四面体、四脚体及钢筋混凝土构架等材料。如葛洲坝工程在进行大江截流时，关键时刻采用了铁链连接在一起的混凝土四面体，取得截流的成功。

对平原地区也可采用打混凝土桩、木桩等方法进行截流。截流材料的尺寸或质量主要取决于龙口水流的流速。各种材料的适用流速。

（二）备料量

截流材料的备用量通常按设计的戗堤体积再增加一定的富裕度来确定，主要是考虑到水流冲失、戗堤沉陷及堆存、运输过程中的损失。由于截流是施工过程中的一个关键性环节，一旦失败可能延误一年工期，故为了确保截流成功，几乎所有工程截流材料的备用量均超过实际用量。根据国际一些工程的资料统计，实际工程的截流备料量与设计用量之比通常在1.3～1.5之间，特殊材料数量约占合龙段工程总量的10%～30%，截流材料备用量超过工程实际用量的50%～400%，因此，初步设计时备料系数不必取得过大，宜取1.2～1.3之间，到实际截流前夕，根据水情变化再做适当的调整。

第六节　施工进度计划

施工进度计划是施工组织设计的重要组成部分，也是对工程建设实施计划管理的重要手段。施工进度计划是工程项目施工的时间规划，规定了工程项目施工的起迄时间、施工顺序和施工速度，是控制工期的有效工具。

一、概述

（一）水利水电工程建设阶段的划分

施工组织设计规范规定，水利水电工程建设全过程可划分为四个施工时段。

（1）工程筹建期。是指工程正式开工前，业主应完成的对外交通、施工供电和通信系统、征地、移民以及招标、评标、签约等工作，为主体工程施工承包商具备进场开工条件所需时间。

（2）工程准备期。是指准备工程开工起至关键线路上的主体工程开工或河道截流闭气前的工期。一般包括："四通一平"、导流工程、临时房屋和施工工厂设施建设等。

（3）主体工程施工期。是指自关键线路上的主体工程开工或一期截流闭气后开始，至第一台机组发电或工程开始发挥效益为止的工期。

（4）工程完建期。是指自水电站第一台机组投入运行或工程开始受益起，至工程竣工的工期。

并非所有工程的四个建设阶段均能截然分开，某些工程的相邻两个阶段工作也可交错进行。

编制施工总进度时，工程施工总工期由工程准备期、主体工程施工期及工程完建期三部分组成。

（二）各设计阶段施工总进度的任务

施工总进度的任务概括地说，是分析工程所在地区的自然条件、社会经济资源、工程施工特性和可能的施工进度方案，研究确定关键性工程的施工分期和施工程序，协调平衡地安排其他工程的施工进度，使整个工程施工前后兼顾、互相衔接、均衡生产，最大限度地合理使用资金、劳力、设备、材料，在保证工程质量和施工安全前提下，按时或以较短工期建成投产、发挥效益，满足我国经济发展的需要。各设计阶段的具体任务如下：

（1）项目建议书阶段。分析施工条件，对初拟的各坝址、坝型和水工建筑物布置方案，分别进行施工进度粗略研究工作，初步提出工程施工的轮廓性进度计划。

（2）可行性研究阶段。根据工程具体条件和施工特点，对拟定的各坝址、坝型和水工建筑物布置方案，分别进行施工进度的研究工作，提出施工进度资料参与方案选择和评价水工枢纽布置方案，在既定方案的基础上，配合拟定和选择施工导流方案，研究确定主体工程施工分期和施工程序，提出施工控制性进度表及主要工程的施工强度，初算劳动力高峰人数和总工日数。

（3）初步设计阶段。根据主管部门对可行性研究报告的审查意见、设计任务书以及实际情况的变化，在参与选择和评价水工枢纽布置方案和配合选择施工导流方案过程中，提出和修改施工控制性进度，对既定水工和施工导流方案的控制性进度进行方案比较，选择最优方案，以利于施工组织设计各专业开展工作。

在各专业设计分析研究和论证的基础上，进一步调查、完善、确定施工控制性进度，编制施工总进度和准备工程进度，提出主要工程施工强度、施工强度曲线、劳动力需要量曲线等资料。

（4）施工准备（招标设计）阶段。根据初步设计编制的施工总进度和水工建筑物形式，工程量的局部修改并结合施工方法和技术供应条件，选定合适的劳动定额，制定单项工程施工进度，并据以调整施工总进度。

（三）施工总进度编制原则

（1）认真贯彻执行党的方针政策、法令法规、上级主管部门对本工程建设的指示和要求。

（2）加强与施工组织设计及其他各专业的密切联系，统筹考虑，以关键性工程的施工分期和施工程序为主导，协调安排其他各单项工程的施工进度。应有必要的方案比较，选择最优方案。

（3）在充分掌握及认真分析基本资料的基础上，尽可能采用先进施工技术、设备，最大限度地组织均衡施工，力争全年施工，加快施工进度。同时，应做到实事求是，有适当余地，保证工程质量和安全施工。当施工情况发生变化时，要及时调整和落实施工总进度。

（4）充分重视和合理安排准备工程的施工进度，在主体工程开工前，相应各项准备工作应基本完成，为主体工程开工和顺利进行创造条件。

（5）对高坝大库大容量的工程，应研究分期建设或分期蓄水的可能性，尽可能减少第一批机组投产前的工程投资。

（四）施工总进度计划的表述类型

施工总进度计划的设计成果，常以图表的形式来表述，通常有以下几种类型：

（1）横道图。横道图总进度计划是应用范围最广、应用时间最长的进度计划表现形式。图上标有工程中主要项目的工程量、施工时段、施工工期和施工强度，并有经平衡后汇总的施工强度曲线和劳动力需要量曲线。

横道图总进度计划的最大优点是直观、简单、方便，易于为人们所掌握和贯彻，而且适应性强；缺点是不能表达各分项工程之间的逻辑关系，不能表示反映进度安排的工期、投资或资源等参数的相互制约关系，进度的调整修改工作复杂，优化困难。

不论工程项目和内容多么错综复杂，总可以用横道图逐一表示出来，因此，尽管进度计划的技术和形式在不断改进，但是，横道图总进度计划目前仍作为一种常见的进度计划表示形式而被继续沿用。

（2）网络图。网络图进度计划是20世纪50年代开始在横道图进度计划基础上发展起来的，它是系统工程在编制施工进度中的应用，目前在我国应用较为普遍。其优点是能明确表示各分项工程之间的逻辑关系，通过时间参数计算，可找到控制工期的关键路线，便于控制和管理；另外，在计算手段上，可采用计算机进行，因此进度的优化和调整比较方便，缺点是不够明了直观。

（3）横道图和网络图结合。它是在传统横道图与网络图相结合的基础上发展起来的，既有传统横道图简单明了的形式，又有网络图进度计划中明确的逻辑关系和时间参数的表达，是如今常用的表达形式。

二、施工进度计划的编制

（一）收集基本资料

编制进度计划一般要具备以下资料：①上级主管部门对工程建设开竣工投产的指示和要求，有关工程建设的合同协议；②工程勘测和技术经济调查的资料，如水文、气象、地形、地质、水文地质和当地建筑材料等，以及工程所在地区和库区的工矿企业、矿产资源、水库淹没和移民安置等资料；③工程规划设计和概预算方面的资料，包括工程规划设计的文件和图纸，主管部门关于投资和定额等资料；④国民经济各部门对施工期间防洪、灌溉、航运、放木、供水等方面的要求；⑤施工组织设计其他部分对施工进度的限制和要求，如交通运输能力、技术供应条件、施工分期、施工强度限制等；⑥施工单位施工能力方面的资料等。

（二）编制轮廓性施工进度计划

轮廓性施工进度，是根据初步掌握的基本资料和水工布置方案，结合其他专业设计工作，对关键性工程施工分期、施工程序进行粗略的研究之后，参考已建同类工程的施工进度指标，粗略估计工程受益工期和总工期。一般编制方法有以下几种。

（1）与水工设计人员共同研究选定有代表性的水工方案，并了解主要建筑物的施工特性，初步选定关键性施工项目。

（2）根据对外交通和工程布置的规模及难易程度，拟定准备工程的工期。

（3）以拦河坝为主要主体建筑的工程，根据初拟的导流方案，对主体建筑物进行施工分期规划，确定截流和主体工程的基坑施工日期。

（4）根据已建工程的施工进度指标，结合本工程的具体条件，规划关键性工程项目的施工期限，确定工程受益日期和总工期。

（5）对其他主体建筑物的施工进度作粗略分析，编制轮廓性施工进度表。

轮廓性施工进度在项目建议书阶段，是施工总进度的最终成果；在可行性研究阶段，是编制控制性施工进度的中间成果，其目的是配合拟定可能的导流方案，其次是为了对关键性工程项目进行粗略规划，拟定工程受益日期和总工期，为编制控制性进度做好准备；在初步设计阶段，可不编制轮廓性施工进度计划。

（三）编制控制性施工进度计划

控制性施工进度与导流、施工方法设计等有密切联系，在编制过程中，需根据工程建设总工期的要求，确定施工分期和施工程序。因此，控制性施工进度的编制，必然是一个反复调整的过程。

编制控制性施工进度时，应以关键性工程项目为主线，根据工程特点和施工条件，拟定关键性工程项目的施工程序，分析研究关键性工程的施工进度。而后以关键性工程施工进度为主线，安排其他各单项工程的施工进度，拟定初步的控制性施工进度表。

以拦河坝为关键性工程项目时，以下为拟定控制性施工进度的方法。

（1）拟定节流时段。

（2）拟定底孔（洞）封堵日期和水库蓄水时间。

（3）拟定大坝施工程序。

（4）拟定坝基开挖及基础处理工期。

（5）确定坝体各期上升高程。

（6）安排地下工程进度。

（7）确定机组安装工期等。

控制性施工进度在可行性研究阶段，是施工总进度的最终成果；在初步设计阶段，是编制施工总进度的重要步骤，并作为中间成果提供给施工组织设计的各有关专业，作为设计工作的依据。

（四）编制施工总进度计划

施工总进度表是施工总进度的最终成果，它是在控制性施工进度表的基础上进行编制的，其项目较控制性进度表全面而详细。在编制总进度表的过程中，可以对控制性进度作局部修改。

总进度表应包括准备工程的主要项目，而详细的准备工程进度，则应专门编制准备工程进度表。对于控制发电的主要工程项目，先按已完成的控制性进度表排出；对于非控制性工程项目，主要根据施工强度和土石方、混凝土平衡的原则安排。

三、网络进度计划

编制网络计划有以下步骤。

（1）绘制初始网络图，并确定（或估计）各项工作的工作历时。

（2）计算各项工作的最早可能开工、最早可能完工、最迟必须开工、最迟必须完工时间及总时差和自由时差，并判断关键工作和关键线路。

（3）根据要求对网络计划进行优化。保证在计划规定的工期内用最少的人力、物力和财力完成任务，或在人力、物力、财力的限制下，用最短的工期完成任务。

（4）在实施过程中，不断地收集、传递、加工、分析信息，及时对计划进行必要的调整。

网络图是网络计划技术的基础。网络图是表示一项工程或任务的工作流程图，分为双代号网络图和单代号网络图，它们都是由节点和箭线所组成的有向网络，反映的逻辑关系是等价的。

单代号网络图，是以一个节点代表一个项目，节点之间的箭线只代表项目之间的逻辑顺序关系；双代号网络图，是用箭线两端的两个节点代表一个项目，箭尾节点表示该项目开工，箭头节点表示该项目完工，一根箭线既代表一个项目，又体现了该项目与其他项目之间的依存关系。

四、施工进度的调整

施工进度计划的优化调整，应在时间参数计算的基础上进行，其目的是使工期、资源（人力、物资、器材、设备等）和资金取得一定程度的协调和平衡。根据优化目标的不同，人们提出了各种优化理论、方法和计算程序。

（一）资源冲突的调整

所谓资源冲突，是指在计划时段内，某些资源的需用量过大，超出了可能供应的限度。为了解决这类矛盾，可以增加资源的供应量，但往往要花费额外的开支；也可以调整导致资源冲突的某些项目的施工时间，使冲突缓解，这可能会引起总工期的延长。如何取舍，要权衡得失而定。

（二）工期压缩的调整

当网络计划的计算总工期T与限定的总工期[T]不符时，或计划执行过程中实际进度与计划进度不一致时，需要进行工期调整。

工期调整分为压缩调整和延长调整。工程实践中经常要处理的是工期压缩问题。

当T<[T]或计划执行超前时，说明提前完成施工进度，常会带来相应的经济效益。这时，只要不打乱施工秩序，不造成资源供应方面的困难，一般可不必考虑调整问题。

当T>[T]或计划工期拖延时，为了挽回延期的影响，需进行工期压缩调整或施工方案调整。

第五章　土石坝的检测与维护

第一节　大坝安全监测工作概述

一、监测的概念

大坝泛指各类大坝坝体、溢洪道、水闸、堤防、隧洞、渠道、地下洞室、水电站建筑物等水工建筑物。监测包括巡视检查和仪器观测两个方面，它们在大坝安全监测中相互联系、互为补充、缺一不可。

巡视检查是用眼看、耳听等直观方法并辅以简单的工具，对水工建筑物外表及内部大范围对象的定期或不定期的直观检查。通过巡查发现不正常现象，并分析、判断建筑物内部的问题，从而进一步进行检查和监测，并采取相应的修理措施。由于仪器监测点数量有限，而且观测周期较长，所以大部分情况下，大坝的安全隐患是通过巡视检查发现的。众多小型水库和山塘管理技术力量薄弱，绝大部分土石坝没有埋设仪器设备，对于工程是否正常运行，坝体有无工程隐患的判断更依赖于巡视检查人员的经验和责任心。日常巡视检查已被水利工程管理单位普遍付诸实施，该项制度已被编入各水库管理单位的规章中，并在水利工程安全管理中发挥了积极作用。如某大型水库在一个深夜于库水位下的上游坝面发生滑坡，是大坝管理人员巡视发现的。

仪器观测是指依据有关规范规程，结合工程实际，在大坝等水工建筑物上布设各类安全监测仪器和设备，用以采集建筑物运行的各种性态信息。通过对这些信息的处理和整编分析，结合人工巡视检查情况，对水工建筑物的运行性态和安全状况作出评价。如，安徽省梅山水库大坝，监测发现山坡渗流量明显增大，通过进一步检查，右岸几个坝段向左倾斜达51mm，坝体出现较长裂缝。经综合分析，判断为右岸坝基岩发生了部分错动，大坝险情严重，后决定放空水库，并进行了加固处理，有效避免了一次重大事故。又如早年通过监测，发现佛子岭水库大坝向下游位移量明显增加，超过历史最大值30%，水库管理单位立即进行全面检查和分析，判定为大坝遭遇到不利工况，考虑到大坝基础、坝体均存在一定缺陷，决定控制水位运用，避免了大坝安全性态的进一步恶化。

二、监测工作的步骤和要求

（一）监测工作的步骤

（1）监测系统设计。设计是安全监测的龙头，监测设计不仅要满足建筑物性态分析和安全监控的需要，还要根据工程规模大小、建筑物结构形式、工程具体情况和需要，确定监测项目和仪器设备布置，制定技术要求，设计出全面的监测系统。

（2）仪器选型。仪器是安全监测的基础，它不仅要求质量优良，具有长期工作的稳定性和恶劣环境下的可靠性，而且要求技术上先进，能适应复杂工程安全监测的需要。

（3）仪器埋设安装。监测施工是安全监测的保障，监测施工应按照监测设计和规范规定要求进行，对所需的观测仪器和设备进行检查、安装和埋设。

（4）现场观测。按规定的测次和技术要求，定期进行各种项目的观测。

（5）监测资料分析。资料分析是安全监测的重要环节，资料分析不仅要对建筑物运行性态作出解释，对安全状况作出评价，而且要通过监测资料及时发现工程安全隐患，为除险加固提供依据。

（6）安全评估和监控。监控是安全监测的关键，对建筑物安全状态进行监控，是工程安全监测的根本性目的，安全监控不仅要力求准确，不枉不纵，而且要实现实时在线。

（二）监测工作的基本要求

对监测工作的基本要求是全面、准确反映大坝等水工建筑物工作性态，及时发现异常迹象，有效监视建筑物安全，为设计、施工和运行管理提供可靠资料。安全监测工作各环节的具体要求如下。

监测系统的设计布置应能全面反映大坝等水工建筑物的工作状况及变化规律。检查观测的项目要有明确的目的性和针对性，既要全面，又要有重点，要能满足监视工程的工作情况、掌握工程状态变化规律的需要。有关建筑物状态变化的观测项目应与荷载及其他影响因素的观测项目同时进行，相互影响的观测项目应配合进行，以求正确地反映客观实际情况。测定应合理布置，精心埋设，测点布局要有足够的代表性，能够掌握工程变化的全貌。必要时可适当调整测点、测次和项目。

监测仪器设备应保证精确可靠、稳定耐用、便于观测，并按规范规程定期校核。

自动化观测设备应有自检、自校功能，可长期稳定工作并具备人工观测条件。

监测系统的施工必须严格按设计要求精心实施，确保埋设、安装质量，做到竣工图、考证表及施工记录齐全。

应切实做好观测数据采集工作，严格遵守规程规范，按规定测次、测量方法认真观测。测值必须符合精度要求，记录必须真实，观测成果应及时进行整理和分析，保证观测资料的真实性和准确性，正确地反映客观实际情况。

应定期对监测结果做分析研究，对大坝工作状态做出评估。当大坝工作状态为异常或险情时，应立即向主管部门报告并通报设计单位。

三、巡视检查的分类和方法

（一）巡视检查的分类

巡视检查工作分为日常巡视检查、年度巡视检查和特别巡视检查三类。

日常巡视检查是指在常规情况下，对大坝进行的例行巡视检查。日常巡视检查应根据大坝的具体情况和特点，制定切实可行的巡视检查制度，具体规定巡视检查的时间、部位、内容和要求，并确定日常巡视检查的路线和顺序，由有经验的技术人员负责，并相对固定。

年度巡视检查在每年汛前汛后、用水期前后、第一次高水位、冻害地区的冰冻期和融冰期、有蚁方地区的白蚁活动显著期、高水位低气温时期等条件下进行的巡视检查。

特别巡视检查是当大坝发生比较严重的险情或破坏现象，或发生特大洪水、大暴雨、7级以上大风、有感地震，水位骤升骤降等非常运用情况下进行的巡视检查。

（二）巡视检查的方法

1. 常规方法

眼看：察看迎水面大坝附近水面是否有漩涡；迎水面护坡块石是否有移动、凹陷或突鼓；防浪墙、现顶是否有出现新的裂缝或原存在的裂缝有无变化；坝顶是否塌坑；背水坡坝面、坝脚及附近范围内是否出现渗漏突鼓现象，尤其对长有喜水性草类的地方要仔细检查，判断渗漏水的浑浊变化；大坝附近及溢洪道两侧山体岩石是否错动或出现新裂缝；通信、电力线路是否畅通等。

耳听：检查是否出现不正常水流声。

脚踩：检查坝坡、坝脚是否出现土质松软或潮湿甚至渗水。

手摸：当眼看、耳听、脚踩时发现有异常情况时，则用手做进一步临时性检查，对长有杂草的渗漏出逸区，则用手感测试水温是否异常。

2. 特殊方法

采用开挖探坑（或探槽）、探井、钻孔取样或孔内电视、向孔内注水试验、投放化学试剂、潜水员探摸或水下电视、水下摄影或录像等方法，对工程内部、水下部位或坝基进行检查。

四、大坝安全监测项目

根据大坝安全监测的目的，仪器观测项目可以归纳为环境量监测，变形监测，渗流监测，结构内部应力、应变、温度监测，水力学监测，地震反应监测等6大类。

环境量监测。包括上下游水位、降雨量、气温、水温、地震、波浪、冰压力，以及坝前和库区泥沙冲淤等。

变形监测。包括坝的表面变形（水平位移和垂直位移）、内部变形[分层水平位移和垂直位移（或沉降）]、裂缝及接缝、挠度观测、混凝土面板变形及岸坡位移等观测。

渗流监测。包括坝体渗流压力（浸润线）、坝基渗流压力、绕坝渗流、渗流量、水质分析等观测。

结构内部应力、应变、温度监测。包括孔隙水压力、土压力（应力）、混凝土应力应变、锚杆（锚索）及钢筋应力、温度等观测。土石坝压力（应力）观测，一般用于1级大坝、2级大坝和高坝。

水力学监测。包括坝后及水流通道的流速、流态、动水荷载、空化、空蚀、雾化、通气、掺气等观测。

地震反应监测。包括地震动加速度和动水压力等观测。

以土石坝监测项目为例：

根据《土石坝安全监测技术规范》（SL551—2012），土石坝安全监测项目分类按表5-1执行。从表中可以看出，巡视检查、坝体表面变形、渗流量以及环境量中的上下游水位、降雨量、气温和库水温是1、2、3级土石坝必设的监测项目。

表5-1 土石坝安全监测项目分类和选择表

序号	检测类别	检测项目	建筑物级别		
			1	2	3
一	巡视检查	坝体、坝基、坝区、输泄水洞、溢洪道、近坝库岸	★	★	★
二	变形	1. 坝体表面变形	★	★	★
		2. 坝体内部变形	★	★	☆
		3. 防渗体变形	★	★	
		4. 界面及缝变形	★	★	
		5. 紧坝岸坡变形	★	☆	
		6. 地下洞室围岩变形	★	☆	
三	渗流	1. 渗流量	★	★	★
		2. 坝基渗流压力	★	★	☆
			1	2	3
三	渗流	3. 坝体渗流压力	★	★	☆
		4. 绕坝渗流	★	★	☆
		5. 近坝岸坡渗流	★	★	
		6. 地下洞室渗流	★	★	
四	压力（应力）	1. 孔隙水压力	★	☆	
		2. 土压力	★	☆	
		3. 混凝土应力应变	★	☆	
五	环境量	1. 上、下游水位	★	★	★
		2. 降雨量、气温、库水温	★	★	★
		3. 坝前泥沙淤积及下游冲刷	☆	☆	
		4. 冰压力	☆		
六	地震反应		☆	☆	
七	水力学		☆		

注1. ★为必设项目。☆为一般项目，可根据需要选设。

2. 坝高小于20m的低坝，监测项目选择可降一个建筑物级别考虑。

第二节　土石坝运行特点

一、土石坝的特性

由于历史原因，我国在二十世纪六七十年代兴建了大量的中小型水库，这些水利工程大都采用了施工难度较低的土石坝。在我国，土石坝的比例占到了90%以上。

土石坝是指由当地土料、石料或土石混合料，经过抛填、碾压等方法堆筑成的挡水建筑物。当坝体材料以土和砂砾为主时，称土坝；以石渣、卵石、爆破材料为主时，称堆石坝；有两类当地材料均占一定比例时，称土石混合坝。三者在工作条件、结构形式和施工方法上均有相同之处，所以统称为土石坝。土石坝被广泛采用的原因主要有三点：一是就地取材，与混凝土相比，土石坝节省大量水泥、钢材和木材，减少筑坝材料远距离运输费用；二是对地质、地形条件要求低，任何不良地基经处理后都可修筑土石坝；三是施工方法灵活、技术简单、易于管理和加高扩建。

土石坝也存在很多不足。由于填筑坝体的土石料为散粒体，抗剪强度低，颗粒间孔隙较大，因此易受到渗流、冲刷、沉陷、冰冻、地震等方面的影响。在运用过程中常常会因渗流使水库损失水量，还易引起管涌、流土等渗透变形，并使浸润线以下的土料承受着渗透动水压力，使土的内摩擦角和黏结力减小，对坝坡稳定不利；因抗剪能力小、边坡不够平缓、渗流等而产生滑坡；因土粒间联结力小，抗冲能力很低，在风浪、降雨等作用下而造成坝坡的冲蚀、侵蚀和护坡的破坏，所以不允许坝顶过水；因沉降导致坝顶高程不够和产生裂缝；因气温的剧烈变化而引起坝体土料冻胀和干裂等。故要求土石坝有稳定的坝坡、合理的防渗排水设施、坚固的护坡及适当的坝顶构造，并应在水库的运用过程中加强监测和维护。

二、土石坝的失事

国际大坝委员会多次对土石坝溃坝事故或遭受破坏的原因进行调研，1995年发布的第三次专题报告显示，129座溃坝土石坝中，洪水漫顶始终是土石坝的主要溃坝原因，占33%；其次是坝体渗透破坏，占17%；再次是坝基渗透破坏，占14%；附属结构物引起溃坝的事例中，溢洪道容量不足是最主要原因。

我国先后进行过3次溃坝失事的统计，根据水利部水利管理司最新的统计资料显示，我国溃坝土石坝有以下几个特征。

（1）按水库类型统计，小型水库溃坝数占溃坝总数96.2%。

（2）按坝高统计，溃坝数量最多的坝高为20m左右。

（3）按发生阶段统计，76%溃坝发生在运行期，大型水库无施工期溃坝记录，小型水库均在运行期溃坝。

（4）按省份分布统计，溃坝数量多的省份都在北方，溃坝率低的省份都在南方。

（5）按溃坝原因统计，主要有五方面因素：①洪水漫顶。大多因为水文资料短缺、洪水设计不当、标准偏低和泄洪能力不足造成。②设计、施工质量差，造成坝体和坝基防渗和稳定性不足，引起管涌、滑坡、开裂而破坏。③运行管理不善。包括防汛准备不足，缺少安全监测，水库操作不当和泄洪闸门事故等。④其他。包括泄洪设施失效，人为干预等。⑤原因不详。从中可看出，土石坝的缺陷或病害主要是渗漏、漫顶、滑坡、裂缝、结构破坏等。多年来，我国加强了土石坝的安全监测，对于有缺陷和发生病害的大坝，采取积极有效的措施，进行了大量的维护和加固工作，使一些病险坝转危为安，发挥了应有的工程效益。

第三节　土石坝的巡视检查

一、土石坝巡视检查的项目与内容

土石坝巡视检查的内容可根据各大坝的具体情况经充分分析后确定。根据《土石坝安全监测技术规范》（SL/551—2012），土石坝的巡视检查一般包括以下项目和内容。

（一）坝体主要检查内容

（1）坝顶有无裂缝、异常变形、积水或植物滋生等现象；防浪墙有无变形、裂缝、挤碎、架空、倾斜和错断等情况。

（2）迎水坡护面或护坡是否损坏；有无裂缝、剥落、滑动、隆起、塌坑、冲刷或植物滋生等现象；近坝水面有无冒泡、变浑、漩涡和冬季不冻等异常现象。块石护坡有无翻起、松动、塌陷、垫层流失、架空或风化变质等损坏现象。

（3）混凝土面板堆石坝应检查面板之间接缝的开合情况和缝间止水设施的工作状况；面板表面有无不均匀沉陷，面板和趾板接触处沉降、错动、张开情况；混凝土面板有无破损、裂缝，表面裂缝出现的位置、规模、延伸方向及变化情况；面板有无溶蚀或水流侵蚀现象。

（4）背水坡及坝趾有无裂缝、剥落、滑动、隆起、塌坑、雨淋沟、散浸、积雪不均匀融化、冒水、渗水坑或流土、管涌等现象；表面排水系统是否通畅，有无裂缝或损坏，沟内有无垃圾、泥沙淤积或长草等情况；草皮护坡植被是否完好；有无兽洞、蚁穴等隐患；滤水坝趾、减压井等导渗降压设施有无异常或破坏现象；排水反滤设施是否堵塞和排水不畅，渗水有无骤减骤增和浑浊现象。

（二）坝基和坝区主要检查内容

（1）基础排水设施的工况是否正常；渗漏水的水量、颜色、气味及浑浊度、酸碱度、温度有无变化；基础廊道是否有裂缝、渗水等现象。

（2）坝体与岸坡连接处有无错动、开裂及渗水等情况；两岸坝端区有无裂缝、滑动、滑坡、崩塌、溶蚀、隆起、塌坑、异常渗水和蚁穴、兽洞。

（3）坝趾近区有无阴湿、渗水、管涌、流土或隆起等现象；排水设施是否完好。

（4）坝端岸坡有无裂缝、塌滑迹象；护坡有无隆起、塌陷或其他损坏情况；下游岸坡地下水露头及绕坝渗流是否正常。

（5）有条件应检查上游铺盖有无裂缝、塌坑。

（三）输、泄水洞（管）主要检查内容

（1）引水段有无堵塞、淤积、崩塌。

（2）进水口边坡坡面有无新裂缝、塌滑发生，原有裂缝有无扩大、延伸；地表有无隆起或下陷；排水沟是否通畅、排水孔工作是否正常；有无新的地下水露头，渗水量有无变化。

（3）进水塔（或竖井）混凝土有无裂缝、渗水、空蚀或其他损坏现象；塔体有无倾斜或不均匀沉降。

（4）洞身有无裂缝、坍塌、鼓起、渗水、空蚀等现象；原有裂（接）缝有无扩大、延伸；放水时洞内声音是否正常。

（5）出水口在放水期水流形态、流量是否正常；停水期是否有水渗漏。

（6）消能工有无冲刷、磨损、淘刷或砂石、杂物堆积等现象，下游河床及岸坡有无异常冲刷、淤积和波浪冲击破坏等情况。

（7）工作桥是否有不均匀沉陷、裂缝、断裂等现象。

（四）溢洪道主要检查内容

（1）进水段有无坍塌、崩岸、淤堵或其他阻水现象；流态是否正常。

（2）堰顶或闸室、闸墩、胸墙、边墙、溢流面、底板有无裂缝、渗水、剥落、冲刷、磨损、空蚀等现象；伸缩缝、排水孔是否完好。

（五）闸门及启闭机主要检查内容

（1）闸门有无变形、裂纹、脱焊、锈蚀及损坏现象；门槽有无卡堵、气蚀等情况；启闭是否灵活；开度指示器是否清晰、准确；止水设施是否完好；吊点结构是否牢固；栏杆、螺杆等有无锈蚀、裂缝、弯曲等现象。钢丝绳或节链有无锈蚀、断丝等现象。

（2）启闭机能否正常工作；制动、限位设备是否准确有效；电源、传动、润滑等系统是否正常；启闭是否灵活可靠；备用电源及手动启闭是否可靠。

（六）近坝岸坡主要检查内容

（1）岸坡有无冲刷、开裂、崩塌及滑移迹象。

（2）岸坡护面及支护结构有无变形、裂缝及错位。

（3）岸坡地下水露头有无异常，表面排水设施和排水孔工作是否正常。

影响土石坝安全运用的病害，主要有裂缝、渗漏、滑坡等，因此巡查时这些方面应是重点。

二、裂缝巡查

土石坝裂缝是最常见的病害现象，对坝的安全威胁很大。个别横向裂缝还会发展成集中渗流通道，有的纵向裂缝可能造成滑坡。有资料显示，在土坝出现的各种事故中，因裂缝造成的事故要占到1/4。因此，对土石坝裂缝的巡查必须引起重视。

土石坝裂缝的巡查主要凭肉眼观察。对于巡查到的裂缝.应设置标志并编号，保护好缝口。对于缝宽大于5mm裂缝，缝长大于5m，缝深大于2m，缝宽小于5mm但长度较长、深度较深的裂缝，穿过坝轴线的横向裂缝、弧形裂缝、明显的垂直错缝以及与混凝土建筑物连接处的裂缝，还必须进行定期观测。

三、渗漏巡查

土石坝渗漏的巡视检查也是用肉眼观察坝体、坝基、反滤坝趾、岸坡、坝体与岸坡或混凝土建筑物结合处是否有渗水、阴湿以及渗流量的变化等。

在进行渗漏巡查时，应记录渗漏发生的时间、部位、渗漏量增大或减小的情况，渗水浑浊度的变化等，同时应记录相应的库水位。渗水由清变浑或明显带有土粒，漏水冒沙现象，渗流量增大，是坝体发生渗透破坏的征兆。若渗水时清时浊、时大时小，则可能是渗漏通道塌顶，也可能由蚁患引起，但这种情况可观察到菌圃屑或白蚁随水流出，此时应加强巡查和渗漏观测，并采取措施予以处理。

如下游坝基发生涌水冒沙现象，说明坝基已发生渗透破坏。出现这种情况时，涌水口附近开始会形成沙环，以后沙环逐渐增大。当渗水再增大时沙粒会被带走，涌水口附近可能出现塌坑。

巡查中如发现库水位达到某一高程时，下游坝坡开始出现渗水，就应检查迎水面是否有裂缝或漏水孔洞。

四、滑坡巡查

在水库运用的关键时刻，如初蓄、汛期高水位、特大暴雨、库水位骤降、连续放水、有感地震或坝区附近大爆破时，应巡查坝体是否发生滑坡。在北方地区，春季解冻后，坝体冻土因体积膨胀，干容重减小。融化后土体软化，抗剪强度降低，坝坡的稳定性差，也可能发生滑坡。坝体滑坡之前往往在坝体上部先出现裂缝，因此在滑坡巡查中应注意加强对坝体裂缝的巡查。

第四节　土石坝的变形监测

一、概述

变形是大坝结构性态和安全状况的最直观、最有效的反映，是大坝安全监测最主要的项目之一。变形监测的主要目的是掌握水工建筑物与地基变形的空间分布特征和随时间变化的规律，监控有害变形及裂缝等的发展趋势。

变形监测一般分为表面变形监测和内部变形监测，其中表面变形监测包括垂直位移和水平位移监测；内部变形监测主要有分层垂直位移、分层水平位移、界面位移、挠度和倾斜监测等。水平位移还可以划分为平行于坝轴线的水平位移和垂直于坝轴线的水平位移。其中平行于坝轴线的水平位移在重力坝中称为左右岸方向水平位移，在拱坝中称为切向水平位移，在土石坝中称为纵向水平位移；垂直于坝轴线的水平位移在重力坝中称为上下游水平位移，在拱坝中称为径向水平位移，在土石坝中称为横向水平位移。大坝与地基、高边坡、地下洞室等变形发展到一定限度后就会出现裂缝，裂缝的深度、分布范围、稳定性等对结构与地基安全影响重大。同时，为了适应温度及不均匀变形等要求，水工建筑物自身设计有各种接缝，接缝处的变形过大将造成止水的撕裂而出现集中渗漏等问题，因此，裂缝监测亦不容忽视。

对于土石坝而言，必设的变形监测项目是表面水平位移和表面垂直位移监测。

变形观测的符号规定如下。

（1）水平位移：向下游为正，向左岸为正；反之为负。

（2）垂直位移：向下为正，向上为负。

（3）界面、接（裂）缝及脱空变形：张开（脱开）为正，闭合为负。相对于稳定界面（如混凝土墙、趾板、基岩岸坡等）下沉为正，反之为负；向左岸或下游为正，反之为负。

（4）滑移：向坡下为正，向河谷为正，向下游左岸为正，反之为负。

（5）倾斜：向下游、左岸转动为正，反之为负。

（6）面板挠度：沉陷为正，隆起为负。

（7）地下洞室围岩变形：向洞内为正（拉伸），反之为负（压缩）。

二、横向水平位移观测

横向水平位移常用的观测方法有视准线法、引张线法、激光准直法、边角网法、交会法、导线法及GPS技术等。对于土石坝，横向水平位移监测可采用视准线法、前方交会法、极坐标法和GPS法，下面介绍视准线法。

（一）视准线法观测原理

视准线法观测方便、计算简单、成果可靠，是观测水工建筑物水平位移的一种常用方法。

（二）测点的布设

为了全面掌握土坝的水平位移规律，同时又不使观测工作过于繁重，就要在土坝坝体上选择有代表性的部位布设适当数量的测点进行观测。水平位移的测点分为三级：位移标点、工作基点和校核基点。一般布置原则是：

（1）位移标点布置在坝体上。观测横断面选择在最大坝高处、原河床处、合龙段、地形突变处、地质条件复杂处、坝内埋管及运行有异常反应处，一般不少于3个。

（2）观测纵断面一般不少于4个，通常在坝顶的上游、下游两侧布设1～2个；上游坝坡正常蓄水位以上1个，正常蓄水位以下视需要设临时测点；下游坝坡半坝高以上1～3个，半坝高以下1～2个（含坡脚处1个）。对软基上的土石坝，还应在下游坝址外侧增设1～2个。

（3）坝长小于300m时，每排位移标点的间距宜取20～50m；坝长大于300m时，宜取50～100m。

（4）每排位移标点延长线两端山坡上各设一个工作基点。若坝轴线非直线或轴线长度超过500m，可在坝体每一纵排标点中增设工作基点，并兼做标点。

（5）为了校测工作基点有无变动，在两个工作基点延长线上各埋设一个校核基点。校核基点也可不设在视准线延长线上，而在每个工作基点附近，设置两个校核基点，使两校核基点与工作基点的连线大致垂直，用钢尺丈量以校测工作基点是否发生变位。

（6）工作基点与校核基点都应布置在坚硬的岩石或坚固的土基上，应为不动点，且能避免自然因素和人为因素的影响。

（三）观测仪器和设备

1. 观测仪器

视准线法观测水平位移，一般用经纬仪进行。

一般大型水库的土坝水平位移，可使用J6级或J2级经纬仪进行观测。土坝长度超过500m以及比较重要的水库，最好使用J1级经纬仪进行观测。

对于视准线长度超过500m（或曲线形坝）的变形观测可以采用徕卡或拓普康的全站仪观测。

2. 观测设备

工作基点。工作基点是供安置经纬仪和觇标构成视准线的标点，有固定工作基点和非固定工作基点两种。埋设在两岸山坡上的工作基点，称为固定工作基点。当大坝较长或折线形坝需要在两个固定工作基点之间增设工作基点，这种工作基点埋设在坝体上，其本身随坝体变形而发生位移，故称为非固定工作基点。

工作基点应采用混凝土观测墩，其高度不宜小于1.2m，顶部应设强制对中装置，对中误差不超过±0.1mm，盘面倾斜度不应大于建在基岩上的，可直接凿坑浇筑混凝土埋设；建在土基上的，应对基础进行加固处理。

校核基点。校核基点的结构基本与工作基点相同。校核基点和工作基点的位置应具有良好视线（对空）条件，视线高出（旁离）地面或障碍物距离应在1.5m以上，并远离高压线、变电站、发射台站等，避免强电磁场的干扰。要求监测点旁离障碍物距离1.0m以上。工作基点和校核基点是测定坝体位移的依据，必须保证其不发生变位，一般需浇筑在基岩或原状土层上。

位移标点。位移标点应与被监测部位牢固结合，能切实反映该位置变形，其埋设结构可依位移标点布设独立设计。

观测觇标。位移观测所用的觇标，可分为固定觇标和活动觇标两种。

（1）固定觇标。固定觇标设于后视工作基点上，供经纬仪瞄准构成视准线。

（2）活动觇标。活动觇标是置于位移标点上供经纬仪瞄准对点的。

（四）观测方法

用视线法观测水平位移，视线长度受光学仪器的限制，一般前视位移标点的视线长度在250～300m之内，可保证要求的精度。坝长超过500m或折线形坝，则需增设非固定工作基点，以提高精度。观测方法有活动觇牌法和小角法，下面介绍活动觇牌法。

1．坝长小于500m

对于坝长小于500m的坝，坝体位移标点可分别由两端工作基点观测，使前视距离不超过250m。

2．坝长大于500m

当坝长超过500m，观测位移标点的视距超过250m，因此，需在坝体中间增设非固定工作基点。

由于视准线法观测位移的视线不宜超过300m，故即使增设非固定工作基点，最大坝长不宜超过100m。对坝长超过1200m的坝，则应采用其他方法，如前方交会法等进行观测。

三、垂直位移观测

垂直位移是大坝安全监测的主要项目之一，常用的方法有精密水准测量法、静力水准测量法、三角高程法及GPS技术等。

土石坝垂直位移观测周期与水平位移观测周期一样，通常两项观测同期进行。土石坝、混凝土坝的垂直位移都可用上述几种方法进行观测。为叙述方便、避免重复，在本节统一介绍。

（一）精密水准测量法

精密水准测量法是目前大坝垂直位移观测的主要方法。用精密水准测量法监测大坝垂直位移时，应尽量组成水准网。一般采用三级点位——水准基点、起测基点和位移标点；两级控制——由起测基点观测垂直位移标点，再由水准基点校测起测基点。如大坝规模较小，也可由水准基点直接观测位移标点，水准基点和起测基点设在大坝两岸不受坝体变形影响的部位。垂直位移标点布设在坝体表面，通过观测位移标点相对水准基点的高程变化计算测点垂直位移值。每次观测进行两个测回，每个测回对测点测读3次。观测的往返闭合差按《中国一、二等水准测量规范》（GB/T12897—2016）的有关规定执行。垂直位移的计算公式如下：

$$\Delta Z_i = Z_0 - Z_i$$

式中：ΔZ_i 为第 i 次测得测点的累计垂直位移；Z_0、Z_i 为测点的始测高程和第 i 次测得的高程。

测点的间隔垂直位移由下式计算：

$$\Delta Z_{ji} = \Delta Z_i - \Delta Z_{i-1} = Z_{i-1} - Z_i$$

式中：ΔZ_{ji} 为第 i 次测得的间隔垂直位移，其余符号意义同式上式。

土石坝垂直位移观测的测点布置要求与水平位移测点布置要求一样。因此，垂直位移测点与水平位移测点常结合在一起，只需在水平位移标点顶部的观测盘上加制一个圆顶的金属标点头。

（二）静力水准测量法

静力水准测量法又称连通管法。该法采用水力学连通管原理，用充水连通管连接起测基点和各位移标点，以连通管中水面线与起测基点高差确定水面线高程，通过测量各位移标点同水面线的高差获得各位移标点高程，各位移标点高程与其始测高程的差值即为该位移标点的累计垂直位移。

（三）三角高程法

随着全站仪、光电测距仪的研发应用及对大气折射等领域研究的快速发展，三角高程测量已接近或达到了一等水准测量的精度。三角高程测量具有外业简单、观测快速，可以测量水准测量难以达到的高程等优点。

四、裂缝观测

根据《土石坝安全监测技术规范》（SL551—2012）的规定，对已建坝的表面裂缝（非干缩、冰冻缝），凡缝宽大于5mm，缝长大于5m，缝深大于2m的纵、横向裂缝，以及危及大坝安全的裂缝，均应横跨裂缝布置表面测点进行裂缝开合度监测。裂缝的观测内容包括裂缝的位置、走向、长度、宽度和深度等。

观测裂缝位置时，可在裂缝地段按土坝桩号和距离。用石灰或小木桩画出大小适宜的方格网进行测量，并绘制裂缝平面图。裂缝长度可用皮尺沿缝迹测量。对于缝宽，可在整条缝上选择几个有代表性的测点，在测点处裂缝两侧各打一排小木桩，木桩间距以50cm为宜。木桩顶部各打一小铁钉。用钢尺量测两铁钉距离，其距离的变化量即为缝宽变化量。也可在测点处撒石灰水，直接用尺量测缝宽。裂缝深度观测，可在裂缝中灌入石灰水，然后挖坑或钻孔探测，深度以挖至裂缝尽头为准，可量测缝深和走向。对表面裂缝的长度和可见深度的测量，应精确到1cm，宽度应精确到0.2mm；对于深层裂缝，除按表面裂缝的要求测量裂缝深度和宽度外，还应测定裂缝走向，精确到0.5°。

　　土坝裂缝巡测的测次，应视裂缝发展情况而定。在裂缝发生的初期，应每天巡测1次。待裂缝发展缓慢后，可适当延长间隔时间。但在裂缝有明显发展和库水位骤变时，应加密测次。雨后还应加测。特别是对于可能出现滑坡的裂缝，在变化阶段，应每隔1～2h巡测1次。

第六章　水土保持监测技术

第一节　生态建设项目监测

水土保持生态建设是防治水土流失，改善和保护生态环境，推动区域经济社会发展的重要措施。水土保持生态建设项目监测是开展水土保持生态建设的重要环节，对于及时、全面掌握水土流失治理及生态环境变化的情况，为决策部门宏观决策、科学规划、制定规范、监督执法、措施实施、掌握治理效果、信息发布等提供科学依据。

一、坡面水土保持监测

坡面水土保持监测是利用可行的方法手段，对坡面产生的水土流失影响因素、水土流失及危害状况、水土保持措施及效益实施的监测。

东北黑土区坡面水土流失严重，土层厚度逐年变薄.土壤有机质快速下降，直接危及粮食安全和生态安全。为了挽救黑土地，促进生产与环境可持续发展，加强坡面水土保持效果监测、开展水土流失综合治理已是刻不容缓。

（一）坡面水土保持监测基本内容

坡面水土保持监测的基本内容包括：水土流失影响因素、水土流失状况、水土流失危害、水土保持措施及水土保持措施效益监测。

（二）水土流失影响因素监测

坡面水土流失影响因素较多，主要分为自然因素和人为因素。自然因素是产生水土流失的基础和潜在因素，而人为生产活动是加速水土流失的主导因素。

1. 气象因素监测

气象因素与水土流失的关系极为密切。降雨和风力是土壤侵蚀两大外力因素，水蚀区降雨及过程是产生土壤分散、冲刷、搬运的重要参数，监测降雨量和降雨强度是水土保持监测的首要任务。

降雨量。降雨量是指从天空降落到地面上的雨水，未经蒸发、渗透、流失而在水平面上积聚的水层深度，单位为mm。通常把多年降雨量总和除以年数得到的均值称为年平均降雨量，又称年降雨量；在1日内降落在某面积上的总雨量称为日降雨量；某次降雨开始至结束连续一次降雨的总量称为次降雨量。

东北黑土区降雨量年内分配不均，6～8月降雨最为集中，是降雨量监测的主要时段。监测降雨量的仪器有多种，常用的有雨量筒、虹吸式自记雨量计、翻斗式自记雨量计。

降雨强度。单位时间内的降雨量，称为降雨强度，单位为mm/h。降雨强度越大，雨滴击溅破坏越大，地表产流量越多，土壤侵蚀越严重，因此，监测降雨强度，对研究土壤侵蚀更有意义。使用雨量计准确记录过程雨量是计算降雨强度的必要条件。

多要素自动观测。在相对固定的观测场地采用自动气象站长期监测多个气象要素是水土保持监测通行的方法。自动气象站可对大气温度、相对湿度、风向、风速、雨量、气压、土壤温度、土壤湿度、能见度等多气象要素进行全天候自动监测。

2．地貌因素监测

地貌因素是影响土壤侵蚀的重要因素之一，地貌因素对侵蚀强弱的影响，主要是通过坡度、坡长和坡向等要素对坡面径流产生作用。

坡度。坡度是衡量地表单元陡缓程度的量值，用坡面的垂直高度与水平距离的比值乘上100%表示，称为百分比法；用坡面与水平面的夹角表示，称为度数法。坡度是影响坡面侵蚀的重要因素，坡度测定是坡面监测不可缺少的环节，坡度与坡面侵蚀息息相关。

坡度测量仪器和方法较多，三维罗盘和全站仪是坡度测量较为常见的仪器。要求精度不高时，使用三维罗盘，具有操作简单、携带方便的特点，要求精度高时，使用全站仪最为普遍。

坡长。坡长是指坡面上，垂直水平线的最长线段上、下端点水平投影的距离，即水平距离。坡长对侵蚀的影响主要随降雨径流变化而变化。对于复杂坡面，通常把水流路径在水平面的投影线段视为坡长。

（1）实地测量。通常情况下，对单一坡面，可用测尺或测距仪现场测量坡长。从坡顶分水线某一点起，顺着坡面垂直于水平线方向量测至坡底，然后将量测的坡面长按坡度转换成水平距离，即为该单一坡面的坡长。由几个坡面组成的复杂坡面，则需从上一坡面至下一坡面逐一测量，分别计算并累加。

（2）图面量算。在较大比例尺地形图上量算坡度、坡长是室内常用的简易方法。

（3）坡向。坡向是指坡面法线在水平面上的投影的方向，即地形坡面的朝向，一般以坡向与南向或北向的夹角表示。

坡向对土壤侵蚀的影响主要是通过水热条件的差异而导致侵蚀不同。一般情况下，降雨的多少与气流运动有关，迎风坡降雨较多，背风坡则较少；阳坡温度高，阴坡温度低。

实地测量坡面的坡向，通常采用罗盘测量。在测量的坡面上，将罗盘水平放置，长轴指向坡面倾斜方向（坡向），此时指针与长轴夹角即为坡向角。

3．土壤理化性质监测

土壤是侵蚀作用的主要对象，是侵蚀过程和侵蚀强度的内在因素之一，尤其是土壤的理化性质等直接影响水力侵蚀作用。

土壤物理性质监测包括质地、含水量、容重、孔隙度、渗透速率、团聚体含量等；土壤化学性质监测包括土壤有机质、pH值、水解性氮、速效磷和速效钾等。

（1）土壤质地

土壤中矿物质各粒级的相对含量（比例）称为土壤质地，也称为土壤机械组成。目前，土壤颗粒分析在实验室里常用的方法有吸管法和比重计法，两种方法实验烦琐、计算复杂，如果没有特殊要求一般很少使用。在野外，常采用干试和湿试分类法，利用视觉、触觉、搓捻及制作泥塑等方法，可以快速地对土壤质地进行鉴别。

（2）土壤含水量

土壤含水量是土壤的重要特性之一，直接影响降水入渗、蒸发、地面径流和土壤侵蚀。常用的土壤含水量的测定方法有烘干法、水分传感器、便携式水分仪和中子仪法。

烘干法用具简单、准确度较高，被广泛使用；土壤水分传感器与数据采集器组合使用，可直接显示或传输，有气象站的监测场地被普遍使用；便携式水分仪是传感器与采集器合二为一的设备，可流动测定、直接读取土壤含水量；中子仪法技术成熟、准确性极高，但设备昂贵、表土测定有难度、有射线危害，在研究单位使用较多。

（3）土壤容重

土壤容重是指在自然状态下，土壤单位容积中的质量，又称土壤假比重。土壤容重与土壤质地、土壤颗粒密度、土壤有机质含量及土壤扰动有关。通常采用称重法测定，若按土壤剖面的层次测定容重，每层土壤应不少于3个重复，若在耕地测定容重一般应有5～10个重复，取其平均值。

（4）土壤孔隙度

在一定体积土壤内孔隙体积占整个土壤体积的百分数称为土壤的总孔隙度，简称土壤孔隙度。土壤孔隙度对土壤中的水、肥、气、热关系密切，也是影响雨水渗透和土壤侵蚀的自然条件。通常采用测定的土壤容重和土粒密度来计算，由于土粒密度和土壤相对密度的数值相等，从而简化了计算方法。

（5）土壤有机质

土壤有机质是指土壤中含有的动物、植物和微生物数量的总称。土壤有机质减少是造成土壤结构破坏、肥力降低的重要原因；土壤有机质含量是衡量水土保持措施减少土壤侵蚀、改善土壤结构、增加土壤蓄水保土能力的重要指标。土壤有机质测定常用重铬酸钾容量法，此方法需要在专业实验室内完成。

（6）土壤渗透速率

土壤渗透速率是指单位时间内的水分入渗到单位面积土壤中的量，其决定了降雨入渗速度，直接影响暴雨产生地表径流的数量和发生土壤侵蚀的危险程度。通常采用双环法测定土壤渗透速率。

4．植被状况监测

水土保持监测中，植被通常指林地、草地和农地，不做特殊说明时，对植被状况监测多指林草植被。林草植被是陆地生态系统的主体，又是抑制侵蚀的主要自然因子。林草植被覆盖程度是防御土壤侵蚀的重要指标。植被的防蚀效能主要有根系固土、削弱雨滴击溅、调节径流、降低径流冲刷力以及改良土壤物理化学性质等。

（1）植被

林草植被主要分为乔木林、灌木林、草地三类。在松辽流域乔木树种主要有红松、油松、落叶松、樟子松、鱼鳞云杉、白桦、榆树、杨树、柳树、椴树、黄菠萝、胡桃楸、辽东栎等，灌木树种主要有蒙古栎、紫穗槐、绣线菊、榛子、山柳、槭属、杜鹃、胡枝子、柽柳、野玫瑰、荆条、酸枣等，主要草本植物有地榆、小叶樟、苔草、山茄子、蚊子草、唐松草、柴胡、芨芨草、羊草、沙蒿、针茅、黄背草等。

（2）植被盖度、林木郁闭度

植被盖度是指植被群落的地上部分的枝、叶对地面覆盖的程度。在乔木覆盖的区域，常用郁闭度反映乔木冠层遮蔽地面的程度。

植被盖度和郁闭度的监测方法主要有测针法、样线法和照相法。

（3）植被覆盖率

植被覆盖率是指某一区域内林草植被的冠层、枝、叶对地面的覆盖面积占总面积的百分比值。实际调查中，植被面积依据《土地利用现状分类》中的园地、林地、草地面积进行累加；另外，村旁、宅旁、水旁、路旁林木和农田林网可根据不同树种的造林密度折合面积计入植被面积，绿化环境的草坪可如实计入植被面积。

植被覆盖率越高，越有利于生态平衡和生态环境的改善。在水土流失严重地区，搞好植被建设，提高植被覆盖率，是水土保持的治本措施。

5．人为因素监测

人类活动对水土流失产生的影响，通称为人为因素。人为因素包括两个基本方面：一方面是人为的水土保持活动，防治侵蚀与减少泥沙搬移（正向作用）；另一方面是改变微地貌产生新的水土流失（负向作用）。坡面水土流失人为因素监测主要是完成土地利用现状调查和水土保持措施调查。

（1）土地利用现状调查

土地利用状况对区域侵蚀和坡面侵蚀都是很重要的影响因子。土地利用现状调查是利用多种调查方法查清区域内的土地利用状况的全过程。一般调查要经过调查准备、外业调查、室内清绘、面积量算与统计几个阶段。

（2）水土保持措施调查

坡面水土保持措施主要是工程措施、植物措施和耕作措施。工程措施包括修建地坝、梯田、果树田、鱼鳞坑、水平沟、截流沟等；植物措施包括生态修复、各类人工林、人工草场、改良天然草场等；耕作措施包括等高耕作、深耕、覆盖、垄向区田等。水土保持措施调查内容包括水土保持措施类型、数量、质量及配置情况。水土保持措施调查方法主要有现场调查、访问和收集验收资料。

（三）坡面径流泥沙监测

坡面水土流失监测主要是观测坡面产生的径流泥沙数量及其变化。一般在任意坡面采集径流泥沙并不容易，在较小的规则区域内易于实现径流泥沙的采集和量化，因此，小区径流泥沙观测已成为监测坡面水土流失最主要、最成熟，也是最基本的方法。

1．小区基本类型

小区分为标准小区和一般小区。

标准小区。选取垂直投影长20m，宽5m，坡度5°或15°，坡面经耕耙平后，纵横向平整，至少撂荒1年，无植被覆盖。

一般小区。按照观测项目要求，设立不同坡度和坡长级别，不同土地利用方式、不同耕作制度和不同水土保持措施的小区称为一般小区。无特殊要求时，一般小区建设尺寸应参照标准小区规定确定。

2．小区组成及布设

（1）小区组成

坡面径流泥沙观测小区由一定汇水面积的坡地、分流集流设施和保护设施等组成。

（2）布设原则

设置径流小区应遵循以下原则：具有区域的代表性，满足选址长期使用许可，选址坡面横向平整，坡度和土壤条件均一，小区措施设置与监测内容相一致，方便管理。

（3）布设方法

1）小区的布设

小区边界墙用预制水泥板或定制金属板制成，高出地面20cm，入土深30cm，小区边界墙要垂直埋设。在小区下缘处用混凝土修建集流槽，集流槽底部建成两端高中间低，易于泥沙下泄为佳，集流槽上用支架加盖防雨即可。在集流槽外沿修建砌砖挡土墙，挡土墙在集流槽最低点设置导流口，安装导流管，使径流泥沙顺利流入分流桶或集流桶中。

2）小区集水装置布设。

a. 分流桶：分流桶一般用金属材料制成圆桶形，桶高取120cm左右为宜，直径取70~90cm为宜，上部设有一个进水孔连接集流槽；进水孔对面略低于进水孔处设置多个水平排列的分流孔（以次降雨最大产流为准，设计分流孔数），其中取一个分流孔设置导流管连接下一级分流桶或集流桶；分流桶顶部加盖，下部设一个排水孔，排水孔配备塞子或阀门。分流桶中间配设过滤网，防止涌浪和枯枝落叶堵塞分流孔和导流管。

b. 集流桶：集流桶一般用金属材料制成圆桶形，高取120cm左右为宜，直径取70~90cm为宜，上部设有一个进水孔，连接集流槽或分流桶；集流桶顶部加盖，下部设一个排水孔，排水孔配备塞子或阀门。集流桶的容积根据当地最大次降雨径流的多少，保证集流桶不产生溢流为标准进行设计。当集流桶的理论设计容积过大时，可在不增加集流桶容积的情况下，在集流桶前设分流桶。

c. 集流槽、分流桶和集流桶之间导流管要保持一定的比降。

d. 次降雨产流小，集流桶完全可以容纳的地区，可不设分流桶，集流桶直接连接在集流槽上。

3）观测场的布设

观测场由多个小区按地块的实际情况组合而成。相邻小区之间修建间隔为0.5~1.0m的过道，径流场周边设置宽2m的保护带，过道和保护带的处理要尽量避免雨滴溅入小区。在观测场周边设排水沟，避免外部径流对观测场产生影响。

观测场主要布置当地广泛采用，并且适宜小区布设的水土保持措施，例如横垄、植物带、地坝、垄向区田、水平坑、梯田、果树台田等。为了对照分析还要布设裸地、荒地和顺垄耕作小区

3．径流观测

径流观测是坡面小区观测中基本的观测项目，目的是通过径流观测与计算，定量掌握其产生径流的多少，并依此计算径流深、径流系数和径流模数等。

4．泥沙观测

泥沙观测是坡面小区观测的又一基本项目，目的是通过测量与计算，定量说明坡面侵蚀产生泥沙的数量特征，并依此计算侵蚀模数等。

（四）坡面水土保持措施效益监测

水土保持措施效益监测主要是蓄水减沙效益监测，其包括工程措施效益监测、林草措施效益监测和耕作措施效益监测。

1．工程措施效益监测

（1）工程措施类型

东北黑土区坡面水土保持工程措施主要类型有地坝植物带、梯田、截留沟、鱼鳞坑等工程措施。

（2）蓄水减沙效益观测

工程措施分界明显，水土保持范围较为集中，只局限于实施措施的区域，可以利用设置径流小区与原坡面对比的方法进行效益观测。观测期不少于5年。

单一措施本身拦蓄径流和泥沙的多少直接反映了工程措施的效益。将原坡地径流量和输沙量依次减去措施地块的径流量和输沙量，得出的绝对数值更能准确表述蓄水减沙效益。要想准确表述多措施坡面蓄水减沙效益，就必须直接监测每项措施的拦蓄量，然后分别累加作为该坡面的水土保持工程措施总效益。

2．林草措施效益监测

（1）林草措施类型

林草措施包括保护天然林草和人工种植林草两类。保护天然林草措施主要是生态修复措施，保护自然林草不被人、畜破坏，对自然修复困难的地区，可以采取部分补植林草的辅助措施促进生态修复林草措施主要是人工种植用材林、防护林和经济林，建设人工牧草场。

（2）蓄水减沙效益观测

通常采用径流小区对比方法观测其水土保持效益。

3．耕作措施效益监测

（1）耕作措施类型

耕作措施类型主要有三类：一是改变微地形，增加地面糙度，蓄水保土类，主要有等高耕作、垄向区田等措施；二是增加地面覆盖，防蚀保土类，主要有等高带状间作、覆盖种植（残茬覆盖、秸秆覆盖、地膜覆盖）等措施；三是改良土壤物理性状，增渗保土类，主要有少耕深松、少耕概盖、免耕、深耕和增施有机肥等措施。

（2）水土保持效益观测

观测采用小区对比法，即设置有措施的小区和条件一致的无措施小区，同步观测径流量、泥沙量，对比计算蓄水减沙效益。

二、小流域水土保持监测

小流域是以分水岭和出口断面为界形成的闭合地形单元，也是水土流失和综合治理的基本单元。水土保持工作中所说的小流域一般指面积在5～50km^{2}的集水单元。

小流域水土保持监测是在综合考虑小流域自然条件和治理现状的基础上，以小流域为基本单元，对径流泥沙进行系统观测。小流域水土保持监测是研究小流域优化治理模式、计算水土保持措施效益、探索水土流失变化规律、水土流失预报的基础性工作。

（一）小流域水土保持监测基本内容

小流域水土保持监测基本内容包括自然环境监测、社会经济状况监测、水土流失监测、水土保持措施监测和水土保持效益监测。

（二）小流域水土保持综合调查

小流域水土保持综合调查是对小流域整体的水土保持现状开展的包括土壤侵蚀类型、侵蚀强度等的综合调查，为小流域治理可行性研究提供依据。

1. 自然条件调查

小流域自然条件调查基本内容包括地貌类型调查、土壤类型调查、土地利用调查、水文气象调查和植被调查。

2. 粮食生产情况调查

粮食生产情况调查基本内容包括小流域粮食生产情况调查和典型地块粮食生产情况调查。

3. 社会经济情况调查

小流域社会经济调查基本内容包括人口劳力调查、土地利用调查、产业产值收入调查。

4. 水土流失情况调查

小流域水土流失情况调查基本内容包括水土流失情况和水土流失危害。

5．水土保持措施现状调查

小流域水土保持措施现状调查基本内容包括水土保持措施数量、质量、类型、效益、经验和问题，以及今后开展水土保持的意见。

（三）小流域径流泥沙监测

小流域径流泥沙监测是通过一些监测设备和满足一定条件的量水建筑物组成的控制站来完成的，是对小流域水土流失规律研究必不可少的手段和方法。

1．小流域径流观测

小流域径流观测常采用控制站量水建筑物测流法，几种常用的量水建筑物，只要测量水深，利用水力学公式就可以计算出流量。

2．小流域泥沙观测

小流域泥沙输出量测定主要是测量悬移质，普遍采用三种方法：人工采样法、自动输沙监测仪和ISCO自动采样器。

（1）人工采样法

人工采样法是监测人员站在量水建筑物上，用取样筒按固定时间段提取水样分别装入编号瓶，在实验室内将所有水样分别经过沉淀、烘干、称重操作后，通过数据整理和计算，得出各时段产沙量。

该种方法比较辛苦、烦琐，测得输沙量较为准确，非常适合控制站洪水输沙监测。

（2）自动输沙监测仪

自动输沙监测仪是通过水中多个不同深度的探头测定水中泥沙密度，结合自带的自动水位计测出水位变化，经过软件处理，可直接输出次降雨产流的输沙量，也可得到整个雨季输沙量。该种方法简单、快捷，不足的是布设前要用监测区样土校验仪器，样土获取的代表性会影响测值精度。

（3）ISCO自动采样器

ISCO自动采样器是通过取水管，按程序自动提取水样的仪器。仪器内装24个采样瓶，根据采样需求，可以设定采样体积、时间间隔、一瓶中的采样次数和一次采样的瓶数。一次降雨的径流过程完成后，取下采样瓶，通过沉淀、烘干、称重等操作，通过数据整理、计算，得出次降雨产流的全部输沙量。该方法取样简便、精确，但是购置仪器造价昂贵。

（4）径流泥沙计算

控制站径流分两种情况，计算的量值有所区别。

常年保持一定量的径流，即"常流水"情况。这种输沙量相对稳定，每日早8

时、晚8时取样测流两次即可，根据时段流量、时段输沙量和小流域面积，计算平均流量、平均含沙量、径流总量、产沙总量和产沙模数，并填写小流域日径流泥沙计算表。

日常没有径流，降雨量和雨强达到一定数值后，产生一段时间的径流，即"洪水"情况。这种情况断面径流波动较大，在"常流水"中计算的一些平均值显得用处不大，洪水来临时按观测取样，根据洪水径流总量、洪水产沙总量和小流域面积，计算径流深、径流系数、含沙量和产沙模数才更有意义。

三、沟蚀监测

沟蚀是指由坡面径流冲刷、破坏土壤及母质，形成切入地表以下的土壤侵蚀形式。沟蚀形成的沟道称为侵蚀沟。

沟蚀虽不如面蚀范围广，但其对土地的破坏程度远比面蚀严重，而且侵蚀速度快。沟蚀不仅蚕食农田，使耕地面积减小，而且把完整的坡面切割成沟壑密布、面积零散的小块坡地，对农业生产的危害十分严重。

（一）沟蚀监测基本内容

侵蚀沟是由降雨产生径流冲刷所形成，沟道从小到大的变化，是通过沟底下切、沟头延伸和沟岸扩张来实现的。

沟蚀监测基本内容主要包括侵蚀因子监测、侵蚀状况监测。

（二）侵蚀沟特征监测

侵蚀沟特征监测主要是对侵蚀沟物理形态的表述及分类，是沟蚀机制研究和现状调查的基础工作。

1. 侵蚀沟特征

东北黑土区最具代表性和破坏性的是浅沟和切沟，切沟多为浅沟发展而来，本节着重介绍浅沟和切沟。浅沟是耕地上由汇集径流产生的小沟道，通常每年都在同一个地方出现，不会被耕作消除但不妨碍耕作，其特点是没有形成明显的沟头跌水；切沟是浅沟不断发展，沟深、沟宽达到一定程度的沟道，通常是不能被普通的耕作消除，犁不能横过耕作是切沟的主要特征。切沟继续发展，将形成沟头前进，沟壁扩展，沟底相对稳定的冲沟。

2. GPS监测

采用全球定位系统（GPS）对侵蚀沟进行监测是一种常规方法。

一般监测采用手持GPS、卷尺、测杆、测距仪等仪器对侵蚀沟具体形状进行测量并定位的方法。

3．三维激光扫描仪监测

三维激光扫描仪法是目前国际上先进的地面空间数据测量技术，它将传统的点测量扩展到面测量，可对复杂的地面特征进行扫描，形成地表的三维坐标数据，而每一个数据（点）都带有相应的 X、Y、Z 坐标数值，这些数据（点）集合起来形成的点云就构成物体表面的特征。经后续的计算机处理，可以得到立体数据模型，用它对单一沟道监测，既全面又精准，不失为沟道机制研究的好帮手。

（三）侵蚀沟年侵蚀量监测

侵蚀沟年侵蚀量监测是对坡面年内新产生侵蚀沟和年内侵蚀沟扩大所输移土壤量的定量量测，是动态掌握侵蚀沟变化的基础工作。

1．样方法

在开挖、填筑、堆放等形成的人工坡面发生浅沟侵蚀时，通过样方法测定坡面侵蚀沟的数量和侵蚀量，推算坡面年沟蚀量。

2．观测桩法

用观测桩法监测侵蚀沟的变化是普遍而实用的方法，一般多用于未实施治理的沟道监测。每年雨季前，在侵蚀沟沟头、沟岸、沟底布设测桩，并测量相应数据。雨季过后，再次量测相应数据，计算变化量值。

3．三维激光扫描法

利用三维激光扫描仪，在雨季前和雨季后分别对同一侵蚀沟地形进行扫描，形成两个三维地形数据模型，得到两个沟道容积，差值就是土壤流失体积，根据土壤容重可换算出侵蚀量。该种方法是目前测定侵蚀沟年侵蚀量最为精准的方法。

（四）谷坊保土效益监测

谷坊是普遍采用的治沟方法，谷坊保土效益监测的基本内容是以侵蚀沟为单元，监测侵蚀沟内各谷坊的年淤积量。

四、风蚀监测

风蚀是指在气流冲击作用下，土粒、沙粒脱离地表，被剥蚀、搬运和聚积的过程。

东北黑土区的风沙区主要分布在松花江流域的中游和西辽河中上游地带，其中松花江流域中游的风沙区特点是风沙干旱和土地盐碱化，西辽河中上游地带的风沙区特点是土地沙化和草场退化并伴随着流动沙丘的发生。

（一）风蚀监测基本内容

风蚀监测基本内容包括风蚀影响因子监测、风蚀量监测、风蚀危害监测、风蚀防治效益监测等。

（二）风蚀影响因子监测

1．风向风速观测

风向风速观测的重点是大于起沙风速的风及其风向的持续时间。一般采用单一的手持风向风速仪来测量或采用简易气象站监测。

2．土壤水分观测

土壤年平均含水量和全年的土壤含水量变化情况是掌握土壤抗风蚀的指标之一。

3．地表物质观测

地表物质监测主要是可蚀性指标的监测，土壤可蚀性是土壤对侵蚀作用的敏感性，土壤可蚀性可以通过测定土壤的理化性质和风洞试验测定。

4．植被观测

在风蚀区，植被调查的主要内容有草本和灌木的个体、群落特征、地上生物量测定、根茎叶描述及植被盖度。目前，植被的调查方法主要为野外调查与室内植被遥感影像判读。

（三）风蚀强度监测

风蚀强度监测是指某一地表类型在特定气候条件下一定时段内的单位面积风蚀量，通常采用集沙仪法、插杆法、风蚀桥法。

（1）集沙仪法：集沙仪是由固定在支架上，具有一定尺寸开口的金属接收盒和相连的集沙盒组成的装置。通过调整接收盒高度，收集地面不同高度风沙气流的挟沙，根据收集时间和收集沙量，可以算出不同高度单位时间单位面积的输沙率，即风蚀强度。集沙仪分定向集沙仪和风向集沙仪两种。

（2）风蚀桥法：风蚀桥是用不易变形的金属制成的n形框架，有两个腿和一个横梁组成。横梁长110cm，横梁每隔10cm划出编号标记。

（3）布设风蚀桥：风蚀桥桥口面对风向，桥脚牢固插入地面，桥面距地面15cm，风蚀桥数量根据监测样地范围确定，一般取横排桥距10m，排距50m。

（四）风沙活动观测

1．观测场地的选择

观测场地的自然条件和社会经济条件要与观测区域的自然条件和社会经济条件

相一致，布设地段的选择还应与重要的保护对象有关.以便使观测成果直接用于防风固沙。布设观测场时，一般均设在空旷无障碍的地段，避免周围有高大建筑物、沙丘、树木、塔架等。

2．观测内容和方法

风沙活动包括风和沙（尘）的运动。沙（尘）运动从尺度上又可分为沙粒运动、沙丘运动和沙尘暴等。对于常规风向风速是必测的，这里不再介绍。

（1）起沙风速

起沙风速又称起沙临界风速。一般指在干松裸露、起伏平缓的地表条件下，沙粒开始运动时离地面2m高处的最小风速。

对临时测点.起沙风速的观测可用手持风向风速仪进行；对于长期监测点，通常用风向风速仪自动记录仪观测。

（2）风沙流强度

风沙流强度指气流在单位时间内通过单位宽度或面积所搬运的沙量。一般用集沙仪和秒表计时测定风沙流强度，测定风沙流强度随集沙仪集沙口的高矮变化，测值也会有所差别。

（3）风蚀深

风蚀深是指在某一次起风后或经过某一时段（月、季、年），观测区的某一地表特征被风蚀的平均深（厚）度。一般用测杆法和风蚀桥法测定。

（4）降尘量

降尘量指某一期间内单位面积降落的沙尘量。反映的是空间分布的沙尘在重力作用下飘落的过程，一般用集尘缸法测定。

标准集尘缸为一个平底圆柱形玻璃缸或金属缸，内口径为150mm，深为300mm。在同一收集点应有3个集尘缸同时安置在约$1m^2$面积内，排列成边长为50cm的正三角形，集尘缸安装高度应距离地面6m。集尘缸使用前必须清洗干净，再加入少量蒸馏水，以防止尘粒飘出。使用前用玻璃盖盖好，移至收集点放置后去掉玻璃盖开始收集沙尘，并记录时间。

（5）积沙厚度

积沙厚度是风力搬移沙土在一定范围内聚集的厚度。一般用套片测杆法测定。

测杆为一个光滑细长的金属杆件，直径约2mm，长20cm以上，套片为中心开孔（孔直径大于2mm），外径为50mm的圆形金属测片。一般测杆垂直插入地面，套人测杆的测片与地面紧密贴合。当一个风积期结束后，量测被积沙掩埋的测片深度，再与该区布设的多个套片测杆的埋深值相比较，可得出积沙厚度的空间变化，也不难算出该区的平均积沙厚度。

（6）沙丘流动

影响沙丘移动的因素很多，沙丘移动速度是随着观测地区的各种条件而变化的，因此通常采用测杆法实施野外观测。

测杆法是在沿沙丘轮廓线和纵剖面布设测杆，测定其相对位置，然后进行定期观测，将观测结果制成图或直接对比，得出沙丘移动情况。

（7）沙尘暴

沙尘暴是大风扬起的地面沙尘，使空气变得浑浊、大气水平能见度低于1km、近地面大气层中悬浮颗粒物$PM_{10}>2mg/m^3$的自然现象。沙尘暴的地面监测主要由气象台（站）使用大气颗粒物采集器观测各等级颗粒物浓度。沙尘暴的遥感监测多指对沙尘暴的空间分布范围、影响区域进行识别、定位，对沙尘运移路径和运移规律的变化过程进行动态监测。

第二节　生产建设项目监测

生产建设项目监测指各类建设项目及生产活动依法进行水土流失状况、危害和水土保持措施的监测工作，是生产建设单位的法定义务。

一、生产建设项目监测概述

《中华人民共和国水土保持法》第四十一条规定："对可能造成严重水土流失的大中型生产建设项目，生产建设单位应当自行或者委托具备水土保持监测资质的机构，对生产建设活动造成的水土流失进行监测，并将监测情况定期上报当地水行政主管部门。从事水土保持监测活动应当遵守我国有关技术标准、规范和规程，保证监测质量。"

生产建设项目水土保持监测是生产建设单位必须履行的法律义务，是准确掌握项目建设水土流失动态变化和水土保持措施实施效果的重要手段和基础性工作，可以为生产建设项目的水土保持专项验收提供依据，为开展水土保持监督管理提供数据资料，对预防和治理生产建设活动造成的水土流失，保护和合理利用水土资源，减轻项目建设对生态环境可能产生的负影响具有重要的意义。

（一）生产建设项目监测的基本要求

2014年《国务院对确需保留的行政审批项目设定行政许可的决定》（国务院令第412号）将水土保持监测单位资质颁发确定为行政许可事项。根据《生产建设项目水土保持监测资质管理办法》（水利部令〔2015〕第45号）的规定，承担水土保持监测机构的基本条件是：①具有独立法人资格和固定工作场所；②要有健全的技术、质量和财务管理制度；③要有水土保持及相关专业高中级技术人员，且需经过专门培训，并取得上岗证书；④要有现场监测、观测、量测、分析与计算的仪器设备；⑤能够严格按照《水土保持监测技术规程》（SL277—2012）的规定进行实地监测，确保监测质量。

《关于规范生产建设项目水土保持监测工作的意见》明确指出：监测工作要"协助建设单位落实水土保持方案，加强水土保持设计和施工管理，优化水土流失防治措施，协调水土保持工程与主体工程建设进度；及时、准确掌握生产建设项目水土流失状况和防治效果，提出水土保持改进措施，减少人为水土流失；及时发现重大水土流失危害隐患，提出水土流失防治对策建议；提供水土保持监督管理技术依据和公众监督基础信息，促进项目区生态环境的有效保护和及时恢复。"

对《开发建设项目水土保持设施验收管理办法》进行了修改和完善，新办法第七条规定："水土保持设施符合下列条件的.方可确定为验收合格：①开发建设项目水土保持方案审批手续完备，水土保持工程设计、施工、监理、财务支出、水土流失监测报告等资料齐全；②水土保持设施按批准的水土保持方案报告书和设计文件的要求建成，符合主体工程和水土保持的要求；③治理程度、拦渣率、植被恢复率、水土流失控制量等指标达到了批准的水土保持方案和批复文件的要求及国家和地方的有关技术标准；④水土保持设施具备正常运行条件，且能持续、安全、有效运转，符合交付使用要求。水土保持设施的管理、维护措施落实。"

上述法规和行业规范，对生产建设项目监测工作从监测机构约束、监测主要任务、项目验收条件等诸方面提出了全面要求。生产建设项目监测不同于监理，更不是监督，它从事的是记载一项工程、一个队伍履行水土保持义务的"书记员"，是全面客观地反映生产建设中破坏、恢复、保护过程的"见证人"，是评价企业承担社会责任、尊重法律法规的可靠依据。

（二）生产建设项目分类与监测重点

松辽流域生产建设项目按照行业特点及生产性质划分，主要包括电力工程、交通运输工程、水利水电工程、矿产开采工程、管道工程、冶金化工工程等。

1. 电力工程

电力工程主要包括火力发电、风力发电、核能发电以及输变建设等。松辽流域主要以火力发电、风力发电和输变电建设为主。

（1）火力发电厂工程

火力发电厂工程属于建设生产类点状工程。其特点是：建设期，为了安装大型设备和建设大型建筑物，需要大面积整治厂区土地，搬移土石方量较大，恢复土壤植被任务量较大；生产期，燃煤产生大量弃渣。监测的重点为弃土（渣）场、临时堆土场、施工道路和运行期的贮灰场。

（2）风力发电场工程

风力发电场工程属于建设类点状工程，主要建设任务是安装风力发电机组。其特点是单个风机建设扰动土壤面积不大，但整个风力发电场占地面积较大，影响范围较广；另外，风力发电场的选址多在生态脆弱地区，土层薄、植被生长条件差，一旦破坏很难自我修复，造成的风蚀和水蚀破坏更为可怕。监测的重点是场区施工道路和风机基础施工。

（3）输变电工程

输变电工程是典型的线状工程，主要是布设输电塔、搭设电缆以及变电站工程。其特点是带状布点施工，土壤扰动主要发生在塔基建设区；施工线路较长，水土流失类型复杂；另外，在线路跨越乔木林区时，电力布线施工要带状砍伐大量林木，对于水土保持和生态环境影响较大。监测的重点是塔基建设区和林木砍伐区。

2．交通运输工程

交通运输工程主要包括公路、铁路、机场、码头、航道疏浚等。松辽流域以公路、铁路和机场建设为主。

（1）公路建设

公路工程属于建设类线状工程，多以路基、桥梁、隧洞为主。其特点是施工距离长，穿越的地貌类型多，搬移土石方量巨大，非硬化带状施工区裸露面上的植被恢复任务量巨大，沿线的取料、弃渣场地的恢复、防护、覆平任务繁重，取土弃土和土石方搬移数量巨大。项目监测除了关注路基边坡、开挖边坡、桥梁、隧洞等能造成水土流失的局部工程外，取料场和弃渣场是监测的重点部位。

（2）铁路建设

铁路工程属于建设类线状工程，多以路基、桥梁和隧道为主。其特点是工程线路长，穿越的地貌类型多，沿线取料场和弃渣场分布众多，土石方搬移量巨大，水土流失类型复杂。铁路路基周围水土保持工程一般恢复标准较高，监测不是难点，而远离路基的弃渣场容易产生堆坡过陡、防护不到位、复垦条件不达标等问题，会出现严重的水土流失隐患，监测的重点是土石料临时转运场、弃渣场和取料场。

（3）机场工程

机场工程属于建设类点状工程。其特点是扰动面积集中，造成裸露坡面较大，砂石料用量较大，建设期土石方搬移量大，易产生水土流失，监测的重点是地面开挖、弃土弃渣和土石料临时堆放地。

3. 水利水电工程

水利水电工程主要包括水利、水电、河道防护等工程。松辽流域以水利水电枢纽工程、堤防工程和渠道（引水）工程建设为主。

（1）水利水电枢纽工程

水利水电枢纽工程主要在施工前期要建设生活区和修建施工道路等，在建设期要启用料场、修筑围堰、清基开挖、渣场弃渣等，所有项目都离不开地表扰动和土石料搬移，产生大量的水土流失，监测的重点是大型开挖面、取料场、弃渣场和排水泄洪区下游。

（2）堤防工程

堤防工程属于建设类线状工程，其特点是扰动范围呈带状分布，施工一般采用就地取材构筑堤防，堤防沿线搬移的土石方量巨大，加之水土保持设计标准不高，大面积裸露的堤防边坡和取料带，都会产生水土流失，监测的重点是取料场和边坡。

（3）渠道（引水）工程

渠道工程属建设类线状工程，其特点是开挖渠道、填筑边堤，需要大量搬移土石方，形成临时或永久弃渣，如果不能有效采取防护措施，渠堤内外边坡和弃渣场将形成大量水土流失，检测的重点是边坡工程和弃渣场。

4. 矿产开采工程

矿产开采工程主要包括能源开采、有色金属开采、建材开采等。从开采的方式上可分为两大类，即露天矿开采和矿井开采。

（1）露天矿开采工程

露天矿开采工程的特点是施工破坏植被面积大、地表扰动范围广，土石方搬移量巨大。一方面是大面积原生植被遭受毁灭；另一方面是大量的土石方搬移产生的弃渣，都会造成严重的水土流失，监测的重点自然是施工区和弃渣场。

（2）矿井开采工程

矿井开采工程的特点是地面施工建设占地面积较小，但地下采空区导致地表沉陷，诱发或加剧水蚀、重力侵蚀。监测重点是弃渣场、塌陷区、铁路公路专用线以及集中排水区下游。

5. 管道工程

管道工程是典型的线状工程，主要包括输油和输气工程。其特点是施工作业带长，少则几十公里，多则上千公里，穿越林草区的项目植被破坏严重；跨越河流、铁路及公路等工程土方量和临时堆土量巨大，水土流失类型复杂，监测重点是带状施工区。

6. 冶金化工工程

冶金化工工程是典型的点状工程，主要是金属冶炼企业和化工企业厂区建设工程。项目需要安装大型设备和布设大型建筑物，对基础要求严格，机械开挖量大，弃土堆渣多，容易产生水土流失，监测重点是开挖面、弃土（渣）场和土石料临时堆放地。

（三）生产建设项目监测的特点

1. 生产建设项目监测的复杂性

生产建设项目的类型多样、涉及多个领域、分布区域广泛、自然条件各不相同、各地基础设施和社会经济明显差异，决定了监测对象、监测条件、监测指标、监测点布设以及设施设备选择等多方面工作的复杂性。

项目类型和特征的复杂。不同的工程类型、不同的施工工艺给监测条件、监测对象的形态特征、物质组成与变化带来明显差异。就燃煤电厂工程为例，施工同时包括厂区、施工区、贮灰场、供排水工程区、厂外道路区、厂外铁路区等。监测范围不大，但类型复杂，同时受工程施工进度快和施工场地变化大的影响，固定监测点的位置不易选择，设置的固定监测小区容易受到破坏且难以补救。

自然环境和人为因素的复杂。建设项目区自然环境的不同决定了水土流失的侵蚀类型和侵蚀状况的不同，人为因素的不同决定了水土流失的性质和程度，大跨度的建设项目，监测内容和任务更为复杂。就铁路、公路工程为例，建设范围涉及地域广，线路长，地貌类型复杂，决定了主要侵蚀类型、监测分区、监测时段、监测指标、监测方法和设施应用的不同。因此需要根据不同区域特点制定具有针对性的监测方案。

2. 生产建设项目监测的一次性

受生产建设项目施工范围、建设进度、工程特征和监测对象变化的影响，很多监测内容不具备再次观测的机会。一些生产建设项目自开工到竣工，有许许多多个子项目分年度完成，子项目施工的时段有长有短，数日工期的列项处处可见。监测工作要在短暂时间内完成各项水土流失因子、水土流失情况及水土保持措施情况的监测，所有监测任务必须在方案规定的时段内完成，一旦错过最佳时间，就没有补救办法。例如一些临时堆渣场只需几十天，不把握时间及时监测，渣场或许不复存在。

3. 生产建设项目监测的干扰性

在生产建设项目水土保持监测过程中，工程施工会对监测范围、监测对象、监测点及其监测设施设备等带来不同程度的干扰。施工过程中设计修改和进度调整是不可避免的，这就给现场监测带来严重影响，监测计划也要随之相应改变；多数施工场地开放式管理，车辆、机械和人员等频繁往来，随时会对监测场地和设备设施造成破坏。要减少或避免干扰，必须全面掌握施工计划进度安排，精心设计监测点、对象、时段等工作内容，并做好监测点和设施的管护.保证观测的数据具有连续性、可靠性。

二、水土流失因子监测

生产建设项目水土流失因子监测是全面掌握水土流失成因、过程、危害、结果的基础要件，内容包括自然因子和人为因子两个方面。

（一）自然因子监测

自然因子监测主要包括降雨量、降雨强度、风向与风速、地表组成物质、植被、地形地貌、土地利用等项内容。

1．降雨量、降雨强度

生产建设项目监测关注降雨量和降雨强度，更关注侵蚀性降雨量和降雨强度。因为非侵蚀性降雨量和降雨强度对土壤的侵蚀微乎其微，因此只观测和统计侵蚀性降雨量和降雨强度，会减少大量工作量。

2．风向与风速

监测项目位于风蚀区或风蚀水蚀交错区应监测风向和风速等内容。

3．地面组成物质

地面组成物质监测内容包括土壤类型和有效土层厚度。

4．植被

植被监测内容包括工程建设区域的植被类型与物种组成、植被郁闭度（盖度）、植被覆盖率等。

扰动部位植被状况监测一般采用样方法和目测法相结合测定。选有代表性的地块作为标准地块，标准地块的面积为投影面积，要求乔木林20m×20m、灌木林5m×5m、草地2m×2m。针对标准地块采用国际通用的分级标准目测获得覆盖率。

5．地形地貌

地形监测内容包括重点地段和监测点所在的诸如坡度、坡长、坡向等坡面特征。地貌监测内容包括地理位置、地貌形态类型与分区、海拔与相对高差。

6．土地利用

生产建设项目监测工作需要对工程建设中土地利用变化情况进行及时调查和量

测，监测工程建设前后土地利用变化，并对变化情况进行详细说明。

（二）人为因子监测

人为因子包括社会经济因子和建设项目活动因子等。

1. 社会经济

监测过程中应对项目建设影响范围内的社会经济情况进行调查监测，包括人口总数、农业与城镇人口数量、人口密度、人口增长率等社会因子，以及国内生产总值、产业结构、人均收入、交通发展状况等经济因子，如果生产建设项目在农村，还要考虑人均耕地面积、基本农田面积等。

2. 建设项目活动

生产建设项目活动直接参与地表组成物质的侵蚀、搬运、堆积等全过程，是在水土保持背景状况下诱发新的水土流失的直接因素。一般，项目建设活动的监测指标主要包括建设项目占地面积，扰动土地面积，项目挖方、填方数量及面积，弃渣量及堆放面积等。

三、水土流失状况监测

水土流失状况监测主要是通过各种方法和手段，测定不同类型、不同形式的土壤侵蚀，科学准确地反映生产建设项目土壤流失量。

（一）监测内容

建设项目土壤流失监测，应该根据监测方案要求，对于不同侵蚀类型、侵蚀形式采用对应的监测设备设施进行监测。监测内容包含两方面：一是区分土壤侵蚀的类型；二是监测不同浸蚀形式的土壤流失量。

（二）土壤侵蚀类型与形式

1. 土壤侵蚀类型

土壤侵蚀类型通常依据工程建设区域内主导的自然外营力来确定，主要是水力侵蚀、风力侵蚀、冻融侵蚀和重力侵蚀。在松辽流域许多地区多种外营力并存，外营力季节性和区域性差别较大。降雨多的地区风力小，风力大的地区降雨少，为了便于监测，通常忽略弱侵蚀类型，以主要侵蚀类型分区，可以简化监测方法、监测手段，提高监测效率。

2. 土壤侵蚀形式

松辽流域土壤侵蚀形式主要有面蚀和沟蚀（水蚀）、吹蚀和风积（风蚀）、融雪和沟壑冻融（冻融侵蚀）等，在生产建设项目中，面蚀、沟蚀、风蚀和融雪侵蚀所产生的土壤流失最为严重，也最受关注。

（1）面蚀与沟蚀。在水蚀区的生产建设项目监测中，主要对面蚀、沟浊等进行调查或观测。在野外调查难以清楚地界定面蚀和沟蚀的情况下，可以根据不同形式侵蚀的面积或者侵蚀量，将侵蚀形式确定为面蚀和沟蚀。生产建设项目监测更加关注的是原地貌水蚀、取料场面蚀和弃渣坡面沟蚀。

（2）风蚀。在生产建设项目监测中，一般并不要求区分风蚀的形式.而更加关注风蚀量与风蚀残留物造成的地表形态。

（3）冻融侵蚀。冻融通过增大土体土壤流失。松辽流域内生产建设项目冻融侵蚀监测尚在起步阶段，在冻融侵蚀危害区的生产建设项目，融雪产生的土体破坏、土壤流失还是非常严重，监测机构应给予足够的重视。

（三）土壤流失置

1. 土壤流失量背景值

工程建设区域土壤流失背景值是指工程建设扰动前的监测区域多年平均土壤流失量。水蚀背景值监测方法，主要采用数学模型法和类比法；风蚀背景值监测方法，主要采用风蚀痕迹方法、数学模型法和类比法。

（1）数学模型法。在建设项目施工前，采用收集、调查和测量等手段，掌握降雨、坡度、坡长、土地利用和水土保持措施现状，利用通用土壤流失方程（USLE），可以计算出水土流失量背景值。

（2）类比法。类比法是监测区域没有历史水土流失资料的情况下，如果所在的同一个气候区和水土流失类型区内有已经完成的类似工程或有水土流失监测站点，将这个已完成工程的水土流失因子有关的监测数据或监测站点的水土流失因子监测数据应用于监测区域的一种方法。

2. 土壤流失量动态变化

土壤流失量动态变化监测是生产建设项目监测中重点内容，也是难点内容。实际监测中需要长期定位观测，因此对监测点的设置要相对稳定，不易破坏，影响相对较小。通过土壤流失量动态变化监测反应工程建设过程中对地表扰动情况，同时反应工程建设中水土保持措施落实情况，并根据监测值复核水土保持方案中的水土流失预测情况，为同类项目以后水土保持方案制定提供相应数据资料，土壤流失量具体监测的常用方法介绍如下。

（1）坡面水蚀观测。在工程建设区域内，各种堆积坡面、开挖坡面、扰动坡面和塑造地貌坡面的侵蚀变化均可用坡面水蚀观测方法。坡面水蚀观测的基本方法有三种：一是设置径流小区观测；二是设置简易土壤流失观测场观测；三是直接设置泥沙收集池观测。

（2）径流小区观测。在生产建设项目监测中，受监测场地、监测时限和资金投入的制约，很难建造标准径流小区进行观测，因此一般采用可移动或简易径流小区进行观测，观测的内容比较单一，主要是测定坡面土壤侵蚀模数，并换算出坡面土壤流失总量。

（3）简易土壤流失观测场观测。简易土壤流失观测场是利用一组测杆测量坡面水土流失厚度的设施。

a．适用范围与布设原则。简易土壤流失观测场适用于项目区内类型复杂、分散、暂不受外界干扰的土类堆积物及不便于设置小区的土类堆积物的稳定坡面土壤流失的观测。选址时应尽量排除外围来水的影响，必要时可建立排水系统。

b．布设方法与设施设备。一般采用9根测杆，按"田"字格布设，边长2m×2m，"田"字格的上边保持水平，横竖排测杆间隔1m，测杆长30～50cm，测杆垂直插入，地面上保留10～15cm，涂上油漆后编号登记上册。坡面面积较大时，测杆应适当增加测杆及观测面积。

简易土壤流失观测场布设完毕后，一般要采取一些简易的防护措施，并设置观测场标志牌，避免牲畜和人为破坏。

（4）坡面细沟状侵蚀观测。细沟状侵蚀是指坡面被分散的小股降雨径流冲成的细密小沟。细沟状侵蚀是沟蚀的雏形，在降雨季节土质弃渣场的坡面上已成不可避免的侵蚀现象，表明坡面侵蚀较为严重。在项目区坡面上细沟状侵蚀具有代表性的区段，根据坡面的大小，选择带状样地或者多斑样地，采用不同的手段进行观测，已成动态观测生产建设项目的固定内容。一般采用断面量测法、填土置换法和激光微地貌扫描法测定。

（5）沉沙池观测。沉沙池主要是用以沉淀水流中大于规定粒径泥沙的水池。沉沙池一般分为两种：一种是建在集水渠道中的过水沉沙池，要求沉沙池的过水断面大于引水渠道的过水断面，因而水流通过沉沙池时流速降低，挟沙能力下降，使水流中大于规定粒径的泥沙沉淀于池中。工程建设过程中多建于排水系统上，因此通过监测沉沙池中沉淀泥沙情况来推算沉沙池所控制水流范围内的土壤侵蚀情况。另一种是建在坡面底部的积水沉沙池，沉沙池的大小要根据设置在坡面上的集雨区的大小和当地多年降雨来确定。

四、水土保持措施监测

生产建设项目水土保持措施监测是对方案制定的水土保持措施实施的全过程监

测，主要是对标准、进度、质量、效果和效益的监测。

（一）水土保持措施监测

1. 拦渣工程

拦渣工程是指为拦蓄和存放弃土、弃石、弃渣、尾矿和其他废弃固体物而修建的工程设施，主要有拦渣坝（尾矿库）、挡渣墙、挡渣堤等三种形式。

2. 护坡工程

护坡工程是指对由于开挖地面或堆置弃土、弃石、弃渣等形成的不稳定边坡实施的加固、保护治理的工程。

3. 土地整治工程

土地整治工程是对工程建设和生产过程中损毁的土地资源实施平整、改造、修复等恢复其生产功能的工程。通过量测及资料收集等方法监测土地整治工程情况。

4. 防洪工程

防洪工程是为防治洪涝灾害而修建的工程，也称防洪排水工程。防洪工程应达到防洪减灾、保障安全的目的，并尽可能与水土保持综合治理相结合，减少水土流失。

5. 防风固沙工程

防风固沙工程是为防治风沙活动、减轻风沙危害而实施的治理工程。防风固沙工程应与生态修复措施相结合，控制风沙活动，减轻风沙灾害，防止沙化蔓延。

6. 植被建设工程

植被建设工程是为控制水土流失、改善美化生态环境，在一切裸露可利用的地面上实施植被覆盖和绿化美化建设的工程。

五、水土保持各项指知

监测项目建设过程中，对项目水土保持方案中提出的水土流失总治理度、扰动土地整治率、土壤流失控制比、拦渣率、林草覆盖率、植被恢复率等6项指标进行监测，并将各项指标反映到监测总结报告中，为水土保持设施竣工验收提供监测依据。各项指标情况应按照《开发建设项目水土流失防治标准》的规定执行。

（一）扰动土地整治率

扰动土地整治率是指项目建设区扰动土地的整治面积占总面积的百分比，反映了生产建设项目对扰动破坏土地的整治程度。

扰动土地面积。扰动土地是指生产建设项目在生产建设活动中形成的各类挖损、占压、堆弃用地，均以垂直投影面积计。扰动土地整治面积，是指对扰动土地采取各类整治措施的面积，包括永久建筑物面积，不包括已经征地但未扰动的面积。

扰动土地面积的监测一般采用实测。一般土地面积大、工程用地类型多的项目，可利用遥感影像（包括航片）转绘或实际测绘完成，监测过程中应先收集项目主体工程设计中测量及绘图资料，再进行现场量测复核。土地面积较小的项目，监测人员可直接进行现场测量，测量一般应用GPS、测距仪、测尺等设备。

土地整治面积。土地整治是指对扰动土地采用平覆或平整等措施，把因建设造成的地面沉降、坡面破坏、渣石裸露、地表崎岖不平的土地恢复成可以重新利用且无明显水土流失的土地。

土地整治均在工程建设后期实施，因而通常通过建设后期资料汇总和统计获取。

（二）土壤流失控制比

土壤流失控制比是指在基准面积范围（项目建设中实际发生的防治范围）内，容许土壤流失量与实施各项水土保持措施后区内的年平均土壤流失量之比，反映了水土流失治理控制土壤流失量的相对大小。

容许土壤流失量。容许土壤流失量一般是指与成土速率一致的流失速率，或能达到保护土壤资源，并能长期保持土壤肥力和维持土地生产力基本稳定的最大土壤流失量。可按照《土壤侵蚀分类分级标准》（SL190—2007）的规定执行。

基准面积范围内年平均土壤流失量。基准面积范围内年平均土壤流失量是基准面积范围内总的土壤流失量与基准面积的比值，即单位面积上的年土壤流失量。

（三）水土流失总治理度

水土流失总治理度是指在基准面积范围内，水土流失治理面积占基准面积范围内水土流失总面积的百分比，反映了生产建设项目对基准面积范围内以往存在的水土流失和由于工程建设造成的水土流失的总治理程度。

水土流失总面积。凡在基准面积范围内，水土流失强度超过容许土壤流失量以上的地块（或地区）面积均属于水土流失面积，包括因生产建设项目生产建设活动导致或诱发的水土流失面积，以及基准面积范围内尚未达到容许土壤流失量的未扰动土地面积。

按照上述判别指标，在基准面积范围内通过调查勾绘或测量得到非水土流失地块面积，然后从基准面积范围总面积中减去所有非水土流失地块的总面积，计算出水土流失总面积。

水土流失治理面积。水土流失治理面积是指在水土流失区域采取水土保持措施且满足治理标准的面积。

（四）拦渣率

拦渣率是指项目建设区内采取措施实际拦挡的弃土（石、渣）量与工程弃土（石、渣）总量的百分比。

弃土（石、渣）总量。弃土（石、渣）总量包括项目生产建设过程中产生的所有弃土、弃石、弃渣的数量，也包括临时弃土、弃石、弃渣的数量。一般在项目监测过程中，通过收集设计资料确定弃渣总量，并经过实地测量进行复核。对工程建设各个开挖、取土（石）场地实施测量，可以计算全部动土、石方量。再对各弃土（石、渣）场进行测定，可以计算出弃土（石、渣）总量。

拦挡的弃土（石、渣）量。拦挡的弃土（石、渣）量包括各种拦渣工程的拦蓄量，以及坑洼、塌陷等回填的利用量等。拦蓄和利用的渣土、渣石等固体废弃物量，均采用现场测量的方法监测。未实施水土保持措施弃渣不能计入拦渣量。

直接测量。直接测量拦蓄的和利用的渣土、渣石等固体废弃物量。由于渣土、渣石的开挖、搬运和堆积改变了原土（石）体的密度，一般实测数值为松方，应将松方折算成实方。

（五）林草植被恢复率

林草植被恢复率是指项目防治责任范围内植被恢复面积占项目建设区面积范围内可恢复植被面积的百分比。

植被恢复面积指采取植树、种草及封育等措施恢复地面植被的面积。可恢复植被面积指在目前经济、技术条件下适宜于恢复林草植被的面积。

面积监测。可恢复植被面积一般依据批准的水土保持方案确定的数据。

林草植被面积一般依据设计和监理结果，并通过实地测量进行复核。水土保持人工林地当年树木成活率在80%以上，3年保存率在70%以上的计入水土保持林面积（植被恢复面积）。水土保持人工草地当年出苗率与成活率在80%以上，3年保存率在70%以上的计入水土保持种草面积（植被恢复面积）。

林草植被恢复率。

$$林草植被恢复率（\%）＝\frac{植被恢复面积}{可恢复植被面积}\times100\%$$

（六）林草覆盖率

林草覆盖率是指项目防治责任范围内，林草类植被面积占项目建设区面积的百分比。反映了工程建设中的绿化和生态恢复程度。

面积监测。面积监测一般依据批准的水土保持方案确定的标准，利用现场量测进行复核。

林草面积一般是指项目建设区内所有人工和天然森林、灌木林和草地的面积。其中森林的郁闭度应达到0.2以上（不含0.2），灌木林和草地的覆盖率应达到0.4以上（不含0.4），零星植树可根据不同树种的造林密度折合为林草面积。

一般项目建设过程中水土流失的影响范围没有超出项目建设区，项目建设区面积以水土保持方案设计为基准，如果超出了建设区，应对超出项目建设区的面积进行实际量测，以实际面积作为项目建设面积进行计算。

第七章　水利工程与环境保护

第一节　水利工程环境保护状况及问题

一、水利环境保护状况

兴修水利，是保证农田产量的重要方式，我国自古以来就有兴修水利的历史传统，可以说水利是我国古代乃至当下一项重要的工作，加上我国自20世纪50年代以来，高度重视水利资源的利用和开发，水利开发事业取得了喜人的成绩，为国民经济的发展作出了巨大的贡献。但成绩的背后我们也知道，当下我国的水利工程在建设中存在着很多问题，在这些问题中环境保护问题一直受到大家的关注，受关注是因为我国当下的水利工程中确实存在着很多破坏环境和生态的问题，相关问题需要我们不断研究，找到相对应的解决措施。以下将分为几个方面具体阐述相关问题。

我国水利工程建设中的环境问题。我国是一个有着水利工程渊源的国家，水利工程在我国的国民生产中发挥了重要的作用，当下的水利工程也在我国各地热火朝天地开展，但我们注意到，由于水利工程一般规模都比较大，以往在整个施工过程中存在破坏环境和生态的情况，当然这个问题近年来开始受到社会的关注，这是大势所趋。

在水利工程建设中如何保护环境？应该说，在水利工程建设中做到环境的保护是一个复杂而又系统的问题，需要相关部门科学规划、系统管理，简要地阐述以下几个方面的措施：加强规划中的科学性，把环境保护工作做到每一个工作环节。水利工程中相关部门要强化规划的科学性，切实采取措施，避免工程中相关破坏环境问题的出现。例如，施工中要加强相关植被和大型树木的保护，尽量避免砍伐，确实妨碍工程施工的要进一步采取移植等方法，保证植被覆盖，对于作业区要及时做好防风固沙的工作，及时补充植被，防止水土流失。重要的是，相关单位必须高度重视，切实地把保护环境工作落实到每一个环节，兴修水利，造福后代。

重视对于文物等的保护力度。水利工程建设中的文物保护一直是一个重要的话

148

题。我们知道文物是重要的历史遗产，是先民们智慧和勤劳的结晶，读者都知道在三峡工程的建设中，淹没了很多珍贵的文物古迹而改变了环境中的一道风景，对当地旅游事业是一大损失，可以说不利于地区的长远可持续发展。文物古迹是特殊而重要的自然环境，我们必须竭力去保护。另外，大型水利工程中涉及移民问题使我们要注意，要多管齐下，从移民者的具体生活入手，科学合理地安排他们在新的区域里生活，一定要防止因搬迁后人员密度变大而可能会造成的砍伐树木、开垦荒地等行为。

加强相关制度建设。水利工程建设中的环境保护问题，最终还是需要制度的强制约束，这项工作最终还是需要以制度的形式发挥其效益，那么我们相关单位要加强工程的调研工作，找准问题，找到问题的关键，如此不断地积累，在积累中寻找规律，最终形成可以作为参照的科学合理的法律、法规。

（一）水利工程施工中环境保护的重要性

人类的科学技术在不断地进步，而这些新型的活动会对河流生态产生不同的影响，而随着影响的加大，河流生态系统中一些不良的影响开始反作用于人类社会，因而人们开始意识到河流生态保护的重要性。水利工程必然会对自然河流的生态系统造成负面影响，首先人工渠道化是较为明显的影响，其主要影响有河道的直线化以及河床的硬质化，且人工渠道会将河流的河道截面进行几何化改造。其次是河流连通性被破坏，堤坝的建筑使得河流被阻挡，侧向水流的连通性被破坏。因此，在进行水资源的利用和开发过程中要充分考虑到此类负面影响，采取积极的措施避免河流生态被破坏，或者对破坏予以相应的补偿，确保水域生态系统的平衡稳定。

我国在近年来不断地开展河流整治以及防洪建设工程，并且通过引进新型技术材料努力建设生态水利工程，诸如生态护坡技术的应用，绿化堤防措施的实施。但是在认识上仍旧存在片面、模糊以及浅薄的问题，对于河流生态保护型水利工程的建设没有相对完善的技术指导、理论支持，而施工建设中也没有实施和设计的指标依据。因此，我国亟需一个完整规范的科学体系用以对河流整治工程的建设予以指导、规范。

（二）水利工程施工中环境保护存在的问题

对当地气候的影响。一般来说，控制一个地区气候的是大气环流。但是，如果我们在某地区修建了大型或中型的水库等水利工程以后，就会改变当地的水体和湿地面积，从而使得该地区的空气湿度增加，对当地的气候环境产生一定影响。比如，降水、气温和风、雾等。

（1）对空气质量的影响。在施工过程中各种车辆和施工机械在行驶和作业过程中会排放大量的有害气体，施工材料如水泥、粉煤灰、沙石土料等运输和开挖爆破也会产生灰尘，运输材料过程中会造成道路扬尘，施工工地装卸堆放材料及使用过程中会引起风扬灰尘等。这些有害气体及灰尘势必会对空气产生极大的污染。在施工过程中施工产生的噪声、粉尘以及建筑材料中挥发性的有害物质，极大地危害着施工工作人员和附近居民的身体健康。

（2）对土壤的影响。施工中的水泥浆、石灰水等渗入附近有机土壤中对耕地产生破坏，针对以上施工中产生的危害我们要切实加强水利工程施工期间的环境管理，做到在施工中采取一切有力措施，减少环境污染和生态破坏控制水土流失，实现人与自然的和谐共处。

（3）对水质的影响。在施工中，土石料开采、主体工程的施工、辅助设施的建设等产生的弃土弃石及弃渣，施工中产生的污水在降雨的作用下会进入河道污染水源，有的地方甚至污染饮用水源。

（4）对水生态的影响。水库的人工径流调节作用，改变了自然河流丰枯的水文周期规律，修河渠、裁弯取直使河流直线化，最终使水流流量、流速均一化，主流、浅滩、急流相间的格局改变。在很多情况下改变了鱼类种群的结构，习性在急流或浅滩中产卵的鱼类减少，并伴随小型化、幼龄化趋势。

二、对水利工程环境影响对策的探讨

随着社会经济的快速发展，水利工程建设项目也发展迅速，在发展的同时也对自然环境有着严重的破坏，随着我国环境保护工作的开展，我们要在工程建设的同时采取相应的措施做好环境保护，做到和谐发展。

关于水利工程环境影响对策的探讨。对于不良的生态平衡，兴修水利工程本身就是对其进行良性改造，使之朝着有利于人类的健康方向发展。关键是我们在工程施工过程中，怎样尽最大努力去减小人类对其的不良影响。这就给工程的建设者们提出了以下任务：

（1）规划设计的前期，要切实搞好工程所在地水文资料的收集及地质条件的勘测。如大型蓄水库，重点是水文资料和地质构造，充分考虑大坝的防洪能力、稳定性以及避免地震的诱发。

（2）规划中还应设计一定的工程构造，以满足大坝流域内水生物的生活习性，减少库区淹没范围。

（3）施工阶段的任务：承包合同的签订时，承包商对施工现场污染物的扩散和施工人员的劳动保护所应负的责任，应写进合同书内，要有环保措施，对各种污染物排放要限制在标准以内。要在施工现场建立必要的环保监测机构，进行水质、大气、噪声的本底测定，便于和施工阶段不同时期的监测结果进行对比。人员进入工地后，还要建立卫生防疫机构，以避免施工期数万工人集中在一起，引起流行病的传播和扩散。

（4）施工后期的任务。特别要对施工阶段破坏的植被景观及时恢复，制订工区的全面绿化规划，以保护已经形成的生态平衡。在工区范围内的生物圈内，研究生物资源的利用、保护和生产的合理方式，控制规划人群自身的发展，保持生物种群的恰当比例。

总之，兴修大型水利工程，势必要打破原有的生态平衡，对这一"打破"要做具体分析，不能一概而论。人类要生存发展，自然需要打破那些恶性的动态式的生态平衡，使其从"恶"变"良"；同样，也正是因为人类要发展，还需要"打破"那些"良性"的生态平衡，让其向着更有益于"良性"的方向发展，而其中的代价，则正是我们在建设过程中所应充分注意的环境保护问题。因此，观念上的更新是人与自然协调发展所需要的必不可少的认识前提。

水利工程建设对于河流生态环境的影响。水利工程建设大多数就是在天然河道上修建水利工程，这样做的直接结果就是破坏了河流长期演化成的生态环境，使得河流局部形态均一化和非连续化，从而改变了河流生态环境的多样性。天然河流上需、修建水利工程会改变河流的自然形态，引起局部河断水流的水深、含沙量等的变化，进而影响河流上游及下游的水文泥沙发生变化。而水文、泥沙的改变是影响河流生态环境变化的原动力。进而影响到河流的水温、水质、地质环境以及局部地区的气候。首先，水利工程的建设会改变天然河道的水质水温，尤其是水库的建设。因为水库具有水面宽、水体大、水流迟缓等特点，再加上水体受太阳辐射等作用，使得水库具有特殊的水温结构。当水库蓄水以后，由于水面对太阳辐射的反射率要小于陆面的发射率，从而使得水面热量辐射值增大，造成水库蓄水后的坝前水温比天然河道水温高，水温的变高就会对于鱼类的繁殖不利，尤其是对于下游的鱼类繁殖不利，导致推迟鱼类产卵期。其次，水利工程的建设也对河流的水质产生一定的影响。水利工程的建设会导致该区域的河流水速减小，一方面，降低了水、气界面交换的速率和污染物的迁移扩散能力，导致水质自净能力下降。另一方面也会使沉降作用加强，导致水体重金属沉降加速，导致水质重金属污染严重。最后，水利工程的建设也会对该区域的气候及地质产生影响。水利工程的建设会影响该区域的气候变化，尤其是水库的建设，会形成广阔的水域，导致蒸发量将比水库建成前明显增大，进入大气的水汽增多，导致该区域的降水增多，雾天增多，改变原来的气候。同时水利工程的建设也可能引发地震等地质灾害的形成。

水利工程建设对陆生生态环境的影响。水利工程在建设过程中对陆生生态环境的影响是最显著的，其主要体现在水利工程建设过程及运行过程中。一方面，在水利工程建设过程中往往会破坏大量的林地、草丛、农田等植被。随着水利工程建设的进行，施工方要进行工程占地等行为，结果就会造成大量的植被被破坏，可以说大量的植被破坏影响了陆生动物的栖息地，同时建设过程中所产生的工业废水、生活污水等大量的不经处理直接向河道排放，从而改变了河道的理化性质，恶化了河道岸边的爬行动物的生存环境。水利建设过程中所产生的种种污染使大量的动物被迫迁移，结果导致该区域生态系统失去平衡。而另一方面，在水利工程运行期内，也会导致大量的植被被水利工程（尤其是水库建设）所破坏。在河流区域周围，植被种类多样，而破坏这些植被使得这些植被生存环境丧失，造成物种群居减少，使得该区域的植物与动物之间的结构发生变化。同时水利工程的建设运行也使该区域的湿度增大，导致栖息于低于该区域湿度的鸟、兽的生活范围遭到破坏，被迫向其他地区迁移。而且水利工程的建成也会阻碍动物的迁移，大大影响了动物的生活习性。

三、水利工程存在的环境问题

水利工程施工中，环境保护的重要性。由于科学技术的不断发展，一些新的活动和工业的应用会在不同程度上影响生态环境，其中，对河流生态系统的影响尤为严重。由于河流生态环境破坏程度的不断加深，当达到某一程度后，会反过来影响人们的正常生活，现在人们已提高了环保意识，并认识到了环境保护的重要性，在水利工程建设中，人们也越来越重视对河流生态的保护，在进行大型施工时，会严重影响其周围生态环境，以及自然河流生态系统，其主要的体现是，第一，河道的改变，直线化以及河床的硬质化，人工渠道化的影响非常显著；第二，破坏了河流的连通性，由于堤坝施工，在一定程度上阻挡河流的连通性。因此，在水利工程设计开发时，我们必须充分考虑这些不良影响，并采取有效的措施，尽可能降低对河流生态的破坏，以使水域生态系统保持稳定和平衡。

随着经济的不断发展，我国不断地进行了河流整治和防洪防涝的建设工程，这些工程对改善民生都有很大的帮助，我国更是不断引进新型技术材料以保证生态建设的平衡，如采用了绿化防堤，生态护坡等技术，但是在意识上仍旧存在着一定的不够重视、片面的问题，对于水利河流生态的保护建设没有足够的认识和技术措施，在建设中缺乏实施设计的标准和依据，因此我们亟须一个完整规范的科学体系支持河流整治水利工程的建设。

（一）水利工程施工中环境保护存在的问题

水利工程的环境问题有两类是不可忽视的：一是施工期水环境污染问题，二是运行期泥沙淤积问题。环境问题除了这两个之外，当然还有很多，仅就建设期而言，由于工程施工场面宏大、施工人员和施工机械众多、土石方开挖填筑量：大等原因，产生的"三废一噪"将会对周围生态环境造成不利影响。

1. 施工过程中对空气质量的影响

在进行水利工程建设中，会使用大量大型施工机械设备以及车辆，这在一定程度上增大了有害气体对空气质量的影响，除此之外，在运输砂石、水泥、煤灰等材料时，也会产生大量灰尘，以及扬尘，这些灰尘都会严重影响空气的质量，另外，建筑材料在储存过程中，还会挥发一些有害气体，这不仅会影响工作人员的健康，还会影响周围民众的生活环境，同时也会严重影响水利生态环境。一般来说，控制一个地区气候的是大气环流。但是，如果我们在某地区修建了大型或中型的水库等水利工程以后，就会改变当地的水体和湿地面积，从而使得该地区的空气湿度增加，对当地的气候环境产生一定影响。比如，降水、气温和风、雾等。

2. 施工对当地土壤结构的影响

在施工过程中水泥、石灰水等材料容易渗入附近的土壤中，严重的会造成耕地的破坏，对河流的改造等工程也会造成土壤结构的变化，从而影响了当地的环境，所以我们在施工过程中要加强环境管理，采取科学有效的措施，减少环境的污染和生态的破坏，最大限度地实现和谐建设和发展。

3. 施工对水域的影响

施工过程中产生的废弃物品，土石等材料以及在施工中产生的污水，如果没有经过合理的净化和排放容易在降雨的情况下汇入当地河道，甚至造成水源的污染。水环境污染，水利工程施工期产生的废污水主要包括生产废水和生活污水。生产废水主要为砂石料加工系统冲洗废水、混凝土拌和系统冲洗废水、混凝土养护废水、基坑废水和机修厂含油废水等；生活污水则主要来自施工人员日常生活用水。水利工程一般施工期较长，废污水排放量很大，若处理不达标或直接排放则可能严重破坏工程区及其下游水环境。其对下游水环境最严重的影响来自大量的固体颗粒进入水体，同体的沉降将覆盖鱼类产卵场，破坏水生生物的生存和觅食环境，并且抬高河床、改变河流水文状况。水体中悬浮物浓度过大，将造成水生植物、脊椎动物和无脊椎动物停止生长甚至死亡，研究资料显示，SS浓度超过2000mg/L就会造成龄鱼死亡，从而直接对水生生物产生影响；此外，水体悬浮物浓度过大，还将降低水体透明度，影响景观价值，甚至破坏饮用水水源，从而影响人体健康。目前，随着人们环保意识的增强和环境管理工-作的加强，水利水电工程施工期水污染防治工作正日益受到重视。施工单位根据环境管理部门的要求，建立废污水处理设施进行生产废水和生活污水的处理，并成立或委托专门机构进行施工期环境管理、环境监理和环境监测。但是，目前施工期水污染防治仍存在以下问题：

（1）废污水处理达标率低，施工产生的废污水大都直接或经简单处理后排放，出水水质很难达到国家要求的排放标准。

（2）水资源浪费现象严重，基坑废水、砂石料加工系统废水、混凝土拌和系统废水处理后直接排放而没有被循环利用；施工用水跑、冒、滴、漏现象随处可见，大量的水白白流失，水资源浪费现象严重。

（3）管理松散。由于施工管理人员环保意识不强，水污染防治工作没有受到应有的重视，对水环境的管理比较松散，从而从根本上导致水污染防治中一系列问题的出现。

（4）泥沙淤积。水库建成投入运用后，泥沙便随水流源源不断地进入水库，从而带来水库淤积不断积累、水力机械磨损等一系列问题，直接影响了水库综合效益的发挥，甚至还会威胁水库下游城镇及人民生命财产的安全，以致成为水库管理运用中的突出问题。如果说修建水库是一种蓄水调水手段，那么管好用好水库才是真正的目的。因此，根据现有研究成果及水库运用经验，对水库在管理运用阶段如何防治泥沙，合理利用河水，是十分必要的。控制泥沙入库，只是防治水库淤积的根本途径，但目前在上游来沙还不能有效得到控制的情况下，每年仍会有相当数量的泥沙进入水库，因此，通过其他方式排沙减淤，恢复库容，仍是现阶段防治水库淤积的重要途径。下面就以黄河水利枢纽为例，谈谈水库泥沙淤积的原因：第一是入库流量减少，水流的挟沙能力和冲淤效果降低。三盛公水库地处气候干旱地带，蒸发强烈，且降水量年内分配极不均匀，连续几年的小水丰沙，库区淤积十分严重，闸前河段因壅水值大，淤积尤甚，河道主槽淤积十分严重，呈现出水位抬升、河槽过洪能力减少的不利局面，防洪标准普遍偏低。人为设障阻水，抬高了水位，延长了高水位持续时间，一些单位和个入水文化科技前沿无视法律、法规，任意侵占河道滩地，兴建浮桥、砖厂和其他建筑，阻水挑流造岸滩崩坍等。多年来，一些地方植被遭到人为破坏，使水土流失面积越来越大，致使水土流失治理速度赶不上破坏速度，增加了黄河口段的泥沙淤积。第二是库区内大量围垦造田和乌兰布和沙漠的侵入，黄河两岸农民在库区内大量围垦造田、种植高秆作物、打坝设堰，使本来已缩小的过流断面进一步缩小，使河道变窄，严重降低了河道的行洪能力和调蓄能力。大量泥沙冲入库内，进一步加重库区淤积。

4．对当地气候的影响

常理下，气候的主要影响因素是大气环流，但是由于在一个地区修建了大中型水库等水利工程之后，由于对当地的水体和湿地面积造成了影响也就间接地影响到了当地的气候环境，从降水、气温、风环境等都会造成一定程度的影响。

5．对水生态的影响

对于水利工程来说，对水生态的影响是比较明显的，主要来说水库的人工径流调节改变了自然河流的周期规律，对河流的改造直线化导致水流流量以及流速的变化，这种改变又会影响河流中鱼群种类的组成，造成整个水生态的环境影响。生态需水量包括河流基本生态环境需水量，即维持河流系统最基本的生态环境功能所需要的最少水量；包括河流输沙排盐需水量，即维持河流形态和盐分的动态平衡，在一定输沙、排盐要求下所需的水量；还包括湖泊洼地生态环境需水量，即维持湖泊洼地水体功能而消耗于蒸发的水量。

水利工程基本上都修建在天然河道上，而这样使得河流生态环境直接受到了破坏，导致河流局部形态的非连续化，最终使河流生态环境的多样性得到了改变。主要影响以下几方面：

水利工程的建设使得天然河道的水质水温有所改变。由于太阳辐射水面热值增高，使得蓄水后的坝前水温要高于天然河道水温，严重影响了鱼类的繁殖。

河流的水质。水利工程的建设导致河流水速减小，而且降低了水、气界面交换的速率和污染物的迁移扩散能力。致使水质自净能力下降，同时，导致水质重金属污染严重的严重后果。

气候和地质。建设水库会导致蒸发量将比水库建成前显著增大，致使该区域的降水不断增多，最终把原来的气候改变。

6．水利工程建设对陆地生态环境的影响

（1）植被的破坏

大量的植被因水利工程建设施工占地而破坏，影响了陆地生物动物的栖息地。施工过程中所产生的污水、废水直接排放到附近的河道中，改变了河道的理化性质，河道岸边的爬行动物的生存环境也进一步被恶化。

（2）物的被迫迁移，使得该区域生态系统失去平衡

这是水利工程施工过程中产生的各种污染所致。①生态环境承载力问题。生态需水量包括河流基本生态环境需水量，即维持河流系统最基本的生态环境功能所需要的最少水量；包括河流输沙排盐需水量，即维持河流形态和盐分的动态平衡，在一定输沙、排盐要求下所需的水量；还包括湖泊洼地生态环境需水量，即维持湖泊洼地水体功能而消耗于蒸发的水量。②水资源承载力问题。比如，我国流域虽然水

资源丰富，但也经不起无节制地开发利用。松花江流域水资源承载力到底有多大，对这个问题我们研究得还很不够。明确初始水权受到很多因素影响，如现状、经济发展战略，节水行为，流域最大可用水量的制约。

第二节　水利工程环境保护措施

一、自然环境保护措施

环境保护是我国的一项基本国策，也是评定工程质量的一个重要条件，保护环境，美化环境，做好水土保持是每个人的责任。在水利工程施工期间应严格执行国家和地方政府下发的有关环境保护的法令、法规及业主、监理单位对本工程环境保护的要求，遵守有关野生动物、树木、文物保护管理实施办法的规定，加强管理，切实做好环境保护：工作，杜绝一切人为因素对环境造成污染和破坏。

意识决定行动，所以说在水利工程的施工中，必须首先提高保护生态环境的意识，在施工过程中，各个分管施工单位要明确在整个施工过程中的任务和范围，采用科学的施工方式，将施工对生态的影响降到最低，从每个过程中降低对环境的影响，也就保证了整个水利工程的施工对环境的影响较小。从而实现水利工程对生态环境的和谐统一。

（一）政策上的完善

必须要完善与环境保护相关的法律、法规，让整个水利工程在设计和施了过程中有法可依、有法可循，如《中华人民共和国环境保护法》等法律、法规，必须从法律的高度对工程设计和建设单位进行约束，从政策上把环境保护和生态问题作为工作的根本，对不遵守法律规范对生态环境造成了严重破坏的建设项目要重新进行评估和审查，从而对水利单位产生一定的威慑和引导，形成一个良好的建设环境。坚持协调发展。在整个施工过程中要对人与自然和人与环境的关系足够重视，这是经济和生态系统发展的基础，只有保证社会效益和生态效益的共同发挥才能遵循人与社会的可持续发展，保障生态环境的发展，改变传统粗放的管理方式。

（二）坚持循环再利用原则

在水利工程的整个施工过程中要遵循一定的原则，其中包括共生互补原则。主要包括，工程在处理运行、施工和生态问题上的科学规划，协调人与自然的关系，建立自然环境和工程的平等发展达到共赢的结果。

（三）全面管理施工

在水利这种大型的工程施工中，有必要进行全面管理，这就需要我们不断地总结经验，以采取精细化的管理方式进行全面施工管理，以确保安全生产。在建设水利工程时，我们要确保生态环境效益、社会效益以及经济效益共同协调发展，从而使水利工程建设在保证工程效益的基础上，确保生态环境效益。另外，还能提高资金的利用效率，防止日后发生重复建设以及修补等问题。通过全面的管理，同时合理开发利用水资源获得巨大的生态效益。

（四）水利工程施工生态

对于环境生态的处理，主要是建设过程中土地资源的利用问题，土地资源的合理利用对于环境管理来说尤为重要，运用共生原则，要化害为利，具体来说可以结合生物措施和水土保持工程措施，利用工程弃渣来填筑平地，能够减少工程造价增加生态效益从而提高经济效益。合理调度水库及其他水利设施。对于基础工程开挖的过程中产生的大量废渣的对方也是需要及时处理的，工程的施工以及生产、生活场所也需要占用土地资源，这种情况下设计不合理的话就会严重浪费土地资源。如何节约用地、节约资金和劳动力就需要按照共生互补的原则，在施工中要遵守循环再利用的原则，从而在废弃物的处理上保障生态环境。另外，在水库调度中除了满足人们最基本的生活、生产之外还要兼顾生态系统的健康发展，消减客服深水、静水等对生物群落的不利影响，通过对水利工程地区的生态建设和生物的科学安排设计，提高水库自身的自净和循环修复的能力，此外，注意外来物种的引入，避免没有天敌产生的灾害。

（五）水流的有效控制

在水利工程的建设中注重全面规划和科学安排，将临时建筑物和永久的建筑物进行科学结合，减少临时投资，减少对土地的占用和恢复的费用，加快施工进度，施工现场的环境保护是工程施工顺利进行的基本保障，对施工环境进行保护和改善也是施工的有序、顺利进行的基础，对当地居民的健康和环境生态的保护也是必需的，水利工程的设计过程中应对当地的植物和动物的环境栖息创造条件，建立符合生态学的鱼道等，从而从生物上保障当地的生态平衡。

（六）坚持协调发展

水利工程施工中应该正确处理好人与自然、人与环境之间的关系，这是经济系统和生态系统得以发展的重要保证，水利工程施工中的生态工程必须要坚持社会经济效益和生态环境效益共同发展的原则，这就必须遵循人与社会可持续发展的战略，改变过去单一的施工管理为生态环境。

安全生产和施工的全面管理，在水利工程施工的过程中，坚持社会经济效益和生态环境效益的协调发展，不仅可以从解决施工过程中的生态问题中得到可观的工程效益，还可以提高资金的利用率，避免今后进行重复建设，通过合理开发利用水资源，获得巨大的生态效益。共生互补原则指的是工程在处理运行、施工和生态问题上利用多种措施，对它们进行规划和协调，建立自然环境和工程的和谐平等关系，达到最优组合。

（七）对水库进行除险加固

基础工程开挖的大量弃渣需要占用一定的土地进行堆放，工程运行的生活和生产的场所也需要占地建设，这就严重浪费了土地资源。按照共生互补的原则，就会在一定程度上节约用地，并且节约资金和劳力。另外，在施工中要遵循循环再生综合利用的原则。对于施工造成的垃圾要利用循环共生的原则进行处理，保护生态环境。

二、社会环境保护措施

环境是人类生存和发展的基本前提。环境为我们生存和发展提供了必需的资源和条件。环境问题不是一个单一的社会问题，它是与人类社会的政治经济发展紧密相关的。环境问题在很大程度上是人类社会发展尤其是以牺牲环境为代价的发展的必然产物。在我国，保护环境是我国的一项基本国策，解决我国突出的环境问题，促进经济、社会与环境协调发展和实施可持续发展战略是政府面临的重要而又艰巨的任务。

（一）对人口、文物、土地等的影响

水利工程建设影响最大的莫过于人口迁徙、移民等问题，由于修建大坝难免会破坏原有居住环境、风景名胜区，原有的土地也会被淹没，农民的经济来源收入会受影响，处于原地的工业企业的生产经营会遭到严重影响，甚至面临倒闭的危机。工程建设施工会淹没一些名胜古迹，特别是那些比较珍贵、罕见的文化古迹，这些古迹中蕴含着古代丰富的文化、历史等，具有深刻的文化价值与深远的历史开发价值，这些古迹被淹没无疑会影响其价值与作用的发挥。

（二）不良疾病灾害

　　水利工程建设会改变起初的水生环境，会使原有的水体系统遭到破坏，这样就很可能造成一些疾病灾害的发生。例如，最初的陆地变为沼泽湿地后，会滋生更多的蚊虫，多种蚊虫的滋生容易引发疟疾病、霍乱、伤寒等疾病，而且水利工程施工建设时也会带来更加复杂的环境条件变化，甚至导致社会环境规律紊乱，影响人类与动、植物的正常生活与生存。在施工过程中所出现的工业三废，如废水、毒气以及各种固态废弃物等都会严重污染社会环境，甚至会给人类的正常生存带来非常不利的影响。

（三）水利工程影响的解决措施

　　全面确保自然河道的天然功能。对于水利工程的建设与施工必须立足长远，本着生态环保的原则制订工程建设的总体规划。在工程建设选址、施工等方面都要展示出生态环保功效，尽量控制一些带有污染与破坏性质的高端技术的引入，积极维护和保护当地的风景名胜安全，维护文化古迹的文化价值，尽量减少对天然河流与河道的不良干扰，使其能够按照自身规律流通、运行，只有这样，才能切实维护自然生态环境，才能带来良好的生态效益。

　　科学优选开发项目。为了有效控制移民、耕地占用等问题，减少这些问题所引发的赔偿成本，就要在实际的施工建设中科学优选开发项目，在正确的位置来开发建设工程项目，选择那些不会对生态环境、社会环境等造成太大影响的河流实行100%的开发；相反，则要有选择性、有针对性地进行开发，尽量减少对环境的破坏，也要对堤坝工程的建设规模进行科学控制，从而保证地下水的有力供应，以及平原地区水资源的有效供应。维护生态平衡，要本着统筹兼顾、从全局角度出发的思想来优化、调整整个所开发水域的建设施工，要禁止在中、下游水域修建堤坝，从而达到水体资源的有效安排与优化配置。

　　积极修复、调整水生态系统。水生态系统与整个自然生态系统关联密切，会影响到水资源的分配、布局，水利工程建设中，要重点、集中维护水生态系统的稳定与安全，尽量减少对水生态系统的改变与破坏，确保形态各异、形状多样的河流的存在，实现水生态系统同陆地生态系统的和谐共生，积极采用科学的工程技术与现代化的环保技术来及时修复与调整已经受到破坏的水生态系统，这样才能全面维护水生态系统的生态质量。

　　科学移民、安抚受灾群众。为了能够减少对社会环境的不良影响，就要积极做好移民安置工作，积极为他们解决好移民后的安置问题，使他们享受到真的受灾补贴，可以实行投资型的移民政策，也就是对工程建设中所淹没的居民土地、房屋等实施科学评估，结合我国规定的补偿费用等纳入水利工程建设股份中，确保受灾群众能够享受到工程建设的益处，一旦这个建议得到了允许，势必会使受灾民众得到安抚，实现水利工程建设的意义。

三、工程施工区环境保护措施

从环境保护规划和环境保护措施两方面就水利工程施工区过程中涉及的水污染处理、大气污染处理等环境保护问题的处理标准和基本措施提出了相关对策与建议。

（一）确立环境保护目标，建立环境保护体系

施工企业在施工过程中要认真贯彻落实我国有关环境保护的法律、法规和规章，做好施工区域的环境保护工作，对施工区域外的植物、树木尽量维持原状，防止由于工程施工造成施工区附近地区的环境污染，加强开挖边坡治理防治冲刷和水土流失。积极开展尘、毒、噪声治理，合理排放废渣、生活污水和施工废水，最大限度地减少施工活动给周围环境造成的不利影响。

施工企业应建立在由项目经理领导下，生产副经理具体管理、各职能部门（工程管理部、机电物资部、质量安全部等）参与管理的环境保护体系。其中工程管理部负责制订项目环保措施和分项工程的环保方案，解决施工中出现的污染环境的技术问题，合理安排生产，组织各项环保技术措施的实施，减少对环境的干扰；质量安全部督促施工全过程的环保工作和不符合项的纠正，监督各项环保措施的落实；其他各部门按其管辖范围，分别负责组织对施工人员的环境保护培训和考核，保证进场施工人员的文明和技术素质，严格执行有毒有害气体、危险物品的管理和领用制度，负责各种施工材料的节约和回收等。

（二）环境保护措施

工程开工前，施工单位要编制详细的施工区和生活区的环境保护措施计划，根据具体的施工计划制定出与工程同步的防止施工环境污染的措施，认真做好施工区和生活营地的环境保护工作，防止工程施工造成施工区附近地区的环境污染和破坏。质量安全部全面负责施工区及生活区的环境监测和保护工作，定期对本单位的环境事项及环境参数进行监测，积极配合当地环境保护行政主管部门对施工区和生活营地进行的定期或不定期的专项环境监督监测。

（三）防止扰民与污染

工程开工前，编制详细的施工区和生活区的环境保护措施计划，施工方案尽可

能减少对环境产生不利影响。与施工区域附近的居民和团体建立良好的关系。可能造成噪声污染的，事前通知，随时通报施工进展，并设立投诉热线电话。采取合理的预防措施避免扰民施工作业，以防止公害的产生为主。采取一切必要的手段防止运输的物料进入场区道路和河道，并安排专人及时清理。对施工活动引起的污染，采取有效的措施加以控制。

（四）保护空气质量

减少开挖过程中产生大气污染的防治措施。尽量采用凿裂法施工工程开挖施工中，表层土和砂卵石覆盖层可以用一般常用的挖掘机械直接挖装，对岩石层的开挖尽量采用凿裂法施工，或者采用凿裂法适当辅以钻爆法施工，降低产尘率。钻孔和爆破过程中减少粉尘污染的具体措施：钻机安装除尘装置，减少粉尘。运用产尘较少的爆破技术，如正确运用预裂爆破、光面爆破或缓冲爆破技术、深孔微差挤压爆破技术等，都能起到减尘作用。湿法作业：凿裂和钻孔施工尽量采用湿法作业，减少粉尘。水泥、粉煤灰的防泄漏措施：在水泥、粉煤灰运输装卸过程中，保持良好的密封状态，并由密封系统从罐车卸载到储存罐，储存罐安装警报器，所有出口配置袋式过滤器，并定期对其密封性能进行检查和维修。混凝土拌和系统防尘措施：混凝土拌和楼安装了除尘器，在混凝土拌和楼生产的过程中，除尘设施同时运转使用。制定除尘器的使用、维护和检修制度及规程，使其始终保持良好的工作状态。机械车辆使用过程中，加强维修和保养，防止汽油、柴油、机油的泄漏，保证进气、排气系统畅通。运输车辆及施工机械，要使用柴油和无铅汽油等优质燃料，减少有毒、有害气体的排放量。采取一切措施尽可能防止运输车辆将砂石、混凝土、石渣等撒落在施工道路及工区场地上，安排专人及时进行清扫。场内施工道路保持路面平整，排水畅通，并经常检查、维护及保养。晴天洒水除尘，道路每天洒水不少于4次，施工现场不少于2次。不在施工区内焚烧会产生有毒或恶臭气体的物质。因工作需要时，报请当地环境行政主管部门同意，采取防治措施，方可实施。

（五）加强水质保护

砂石料加工系统生产废水的处理。生产废水经沉砂池沉淀，去除粗颗粒物后，再进入反应池及沉淀池，为保护当地水质，实现废水回用零排放，在沉淀池后设置调节池及抽水泵，将经过处理后的水进入调节池储存，采取废水回收循环重复利用，损耗水从河中抽水补充，与废水一并处理再用。在沉淀池附近设置干化池，沉淀后的泥浆和细沙由污水管输送到干化池，经干化后运往附近的渣场。

混凝土拌和楼生产废水集中后经沉淀池二级沉淀，充分处理后回收循环使用，沉淀的泥浆定期清理送到渣场。机修含油废水一律不直接排入水体，集中后经油水分离器处理，出水中的矿物油浓度达到5mg/L以下，对处理后的废水进行综合利用。施工场地修建给排水沟、沉沙池，减少泥沙和废渣进入江河。施工前制定施工措施，做到有组织地排水。土石方开挖施工过程中，保护开挖邻近建筑物和边坡的稳定。施工机械、车辆定时集中清洗。清洗水经集水池沉淀处理后再向外排放。

生产、生活污水采取治理措施，对生产污水按要求设置水沟塞、挡板、沉砂池等净化设施，保证排水达标。生活污水先经化粪池发酵杀菌后，按规定集中处理或由专用管道输送到无危害水域。每月对排放的污水监测一次，发现排放污水超标或排污造成水域功能受到实质性影响，立即采取必要治理措施进行纠正处理。

（六）加强噪声控制

严格选用符合我国环保标准的施工机具。尽可能选用低噪声设备，对工程施工中需要使用的运输车辆以及打桩机、混凝土振捣棒等施工机械提前进行噪声监测，对噪声排放不符合我国标准的机械，进行修理或调换，直至达到要求。加强机械设备的日常维护和保养，降低施工噪声对周边环境的影响。加强交通噪声的控制和管理。合理安排车辆运输时间，限制车速，禁鸣高音喇叭，避免交通噪声污染对敏感区的影响。合理布置施工场地，隔音降噪。合理布置混凝土及砂浆搅拌机等机械的位置，尽量远离居民区。空压机等产生高噪声的施工机械，尽量安排在室内或洞内作业；如不能避免露天作业，建立隔声屏障或隔声间，以降低施工噪声；对振动大的设备使用减震机座，以降低声源噪声；加强设备的维护和保养。

（七）固体废弃物处理

施工弃渣和生活垃圾以《中华人民共和国固体废物污染环境防治法》为依据，按设计和合同文件要求送至指定弃渣场。做好弃渣场的综合治理。采取工程保护措施，避免渣场边坡失稳和弃渣流失。按照批准的弃渣规划有序地堆放和利用弃渣，堆渣前进行表土剥离，并将剥离表土合理堆存。完善渣场地表给排水规划措施，确保开挖和渣场边坡稳定，防止任意倒放弃渣降低河道的泄洪能力以及影响其他承包人的施工和危及下游居民的安全。施工后期对渣场坡面和顶面进行整治，使场地平顺，利于复耕或覆土绿化。保持施工区和生活区的环境卫生，在施工区和生活营地设置足够数量的临时垃圾贮存设施，防止垃圾流失，定期将垃圾送至指定垃圾场，按要求进行覆土填埋。遇有含铅、铬、砷、汞、氰、硫、铜、病原体等有害成分的废渣，经报请当地环保部门批准，在环保人员指导下进行处理。

（八）水土保持

按设计和合同要求合理利用土地。不因堆料、运输或临时建筑而占用合同规定以外的土地，施工作业时表面土壤妥善保存，临时施工完成后，恢复原来地表面貌或覆土。施工活动中采取设置给排水沟和完善排水系统等措施，防止水土流失，防止破坏植被和其他环境资源。合理砍伐树木，清除地表余土或其他地物，不乱砍、滥伐林木，不破坏草灌等植被；进行土石方明挖和临时道路施工时，根据地形、地质条件采取工程或生物防护措施，防止边坡失稳、滑坡、坍塌或水土流失；做好弃渣场的治理措施，按照批准的弃渣规划有序地堆放和利用弃渣，防止任意倒放弃渣阻碍河、沟等水道，降低水道的行洪能力。

（九）生态环境保护

尽量避免在工地内造成不必要的生态环境破坏或砍伐树木，严禁在工地以外砍伐树木。在施工过程中，对全体员工加强保护野生动、植物的宣传教育，提高保护野生动、植物和生态环境的认识，注意保护动、植物资源，尽量减轻对现有生态环境的破坏，创造一个新的良性循环的生态环境。不捕猎和砍伐野生植物，不在施工区水域捕捞任何水生动物。在施工场地内外发现正在使用的鸟巢或动物巢穴及受保护动物，妥善保护，并及时报告有关部门。施工现场内有特殊意义的树木和野生动物生活，设置必要的围栏并加以保护。在工程完工后，按要求拆除有必要保留的设施外的施工临时设施，清除施工区和生活区及其附近的施工废弃物，完成环境恢复。

四、水土流失预防与治理

自工业革命以来，随着经济的发展，环境问题日益明显，但是没有得到世人的关注，任其发展，继续恶化。经济发展了，人们对生活的要求提高了，环境问题同时也暴露出来了。我国自党的十一届三中全会之后，实行改革开放，以经济建设为中心，在此过程中，我国主要精力放在经济建设之中，在环境方面不是很重视。在经济发展的同时，也破坏了生态环境，直到环境问题日益凸显，我国才采取相应的措施，才关注环境问题。目前我国水土流失现象非常严重，亟待解决。在随后的水利工程的不断发展下使得水土流失的情况逐渐恶化。

（一）水利工程建设中水土流失的特点及危害性

首先，水利工程一般都会建设在山势较高、地势较陡以及河道较宽的河流之上，而在这些地区，本身就存在严重的侵蚀问题，土质结构也相对比较复杂，从而使得水利工程的施工量也相对较大，同时也延长了水利工程施工的周期，在施工的过程中，其对于地表植被的破坏力度也加大，破坏的范围也在拓宽，一些工程废弃物以及废土都会出现，造成了水土流失现象的出现，水土流失现象的出现，会使得水利工程的施工质量受到严重的影响，为水土流失防护工作带来极大的难题。其次，就现今的水利工程建设情况而言，水土流失主要表现为诱发性水土流失，而造成诱发性水土流失出现的主要原因就在于工程施工过程中所产生的废弃物，这些废弃物随意地堆积在河流上，使得很多的废弃物被水流冲刷入河床中，从而造成了严重的水流污染，使得水土流失问题出现。另外，在对水利工程进行建设的过程中，也会对施工现场的岩层结构造成一定的破坏，由于施工震动的影响，会使岩层结构的整体性遭到损坏，从而使得土壤的复杂程度也相对提升，在受到水流冲刷后，就会造成严重的水土流失现象的出现，不仅会对下游人们的生活造成严重的影响，也会对水利工程造成严重的侵蚀，从而使得水利工程的稳定性以及安全性下降。

水利工程建设项目在建设过程中采挖、排弃、机耕碾轧等生产活动，致使原来水土流失不太严重的地区，局部产生了剧烈的水土流失，而且土壤侵蚀强度较大，原有的侵蚀评价和数据在局部地区已不适应。土壤侵蚀过程亦发生了变化，过去一个地区的水土流失产生、发展过程是有规律性的，现在局部地区打破了原有规律，可能从微度侵蚀延续迅速跳跃到剧烈侵蚀。与原生的水土流失相比，水利工程建设区的水土流失危害性具有突发性、灾难性的特点。随着我国水土保持法律、法规体系的建立健全，全社会的水土保持意识明显增强，大多数的水利工程建设项目都能在可行性研究阶段完成水土保持方案编制工作。

（二）水利工程中水土流失的原因

表土与植被平衡失调，在水利工程施工建设过程中，对土体大面积开挖，会使地表植被遭到破坏，原有表土与植被之间的平衡关系由此被破坏。表土在缺乏地表植被的保护下，抗蚀能力大大降低，其在受到雨水冲刷、打击以及风蚀作用下，出现大面积的表径流，引起了水土流失。

具体工作中，由于地表土构成成分的变化而导致的水土流失。主要因为原有的地表土因由之前单一的土壤变成岩石以及土壤松散的混合物，其相应的抗侵蚀能力发生下降，同时也破坏了原有地表植被的生长环境，植被难以生长，无法通过植物根系来固定土壤，水土流失加剧；水利工程施工改变了原有土层结构，降雨径流过程发生较大变化，水流速度加快，水土流失问题加剧；有些水利工程施工对地下水影响严重，地下水位下降，地上土层出现干裂松散现象，水土流失进一步加剧。

施工处理不当，在进行水利工程建设施工过程中，施工企业对作业面的土石渣料处理不当，导致一些废渣掺入土壤当中，导致土壤内在结构遭到破坏，无法与地表植物进行合理配置，并使土壤抗侵蚀能力下降，造成一定程度的水土流失。施工后期处理不当，在水利工程项目建设完成后，施工企业取土、弃渣场等环节的处理不当，也会导致土壤的内在结构遭到破坏，并使土壤抗侵蚀能力下降，以至于土壤在受到水蚀、风蚀时，造成了不同程度的水土流失。

（三）水利工程水土保持存在的问题

水土流失使枯水季节水量减少，但在洪水季节恰恰相反。水土流失严重的地区，植被大部分遭到了破坏。山区更容易发生水土流失，当暴雨发生时，由于地面坡度大，植被不够，坡面截流能力较差，土壤表层涵水能力低，使得降雨强度远远大于土壤入渗速度，雨水来不及入渗，迅速大量产流，瞬时形成山洪。由于植被破坏、径流改变，土壤乃至地质结构受到影响，一遇暴雨极易形成山体滑坡和泥石流，造成山洪灾害。滑坡、泥石流等灾害除了冲毁房屋、道路、水利设施，严重的还会影响航运，使河道断流，形成堰塞湖，对下游造成更大的危害。

（四）解决的重点及对策

取料场。工程修建需要大量的当地材料，从施工方便和经济的角度考虑，取料场一般为沿线取料，布置分散且开采深度不一，对项目区生态环境破坏严重。防护林带。应根据适地适树的原则，在工程管理范围内增加树木数量，重点进行坝前防浪林带和坝后防护林带的建设，以防风蚀。坝体边坡防护。根据工程特点，在冲刷严重的坝段采取工程护坡形式，其余坝段可采取草坡、护坡防止坝体边坡受重力侵蚀产生塌方等现象。

（五）水利工程中水土流失防治对策

加强行政监管力度。水土流失防治是我国土地环境保护的重要内容，政府必须要在这一工作当中发挥出自己的宏观调控作用，通过加强监管等方法，来对水利工程建设行为予以强硬的规定、约束或政策性引导与鼓励，来构建起一个良好的水利工程建设水土保持环境，为水利工程建设的水土流失防治提供指导。为此，行政主管部门必须要严格执行水土保持法律、法规当中的规定，严格执行"三同时"制度（水土保持与工程主体同时设计、同时施工和同时竣工验收），把水土保持作为水利工程建设当中的一个任务来看待，确保水利工程建设与水土保持工作的同时进行和效果的同步性。

优化工程施工。在水利工程的施工过程中，开挖区、回填区以及弃渣场等应当将工程手段与生物手段有机结合起来，工程防治手段与生物防治手段拥有自身特定的作用，同时也可以组成一个有机整体，有效地提升施工作业区地表植被的覆盖率，提升土壤抗蚀能力，起到很好的水土保持作用。在挖方区可以设置排水沟避免坡地水土流失，设置抗滑桩来避免滑坡以及泥石流等灾害的发生。对于回填区应对坡地地形进行整理，同时适当种植林草，降低施工过程中风力侵蚀和水力侵蚀。在施工时临时占用的耕地中，所抛弃的废渣要在施工完成之后清除干净，同时要补植地表植被，做好防护措施。在治沟工程中，如建设淤地坝尧谷坊等，必须结合具体条件，借助当地的水文优势避免边坡受大面积冲刷，要加强施工现场的临时生活区管理，确保施工作业人员树立水土保持意识，避免生活污水对当地耕地造成污染。另外，水利工程施工中的蓄水尧引水等都会对地表植被产生破坏，这些情况往往都是工程施工时容易受到忽略的，因此必须引起重视，将其视为水土保持工作的重要环节来抓。

优化施工管理。其一，对水利工程所导致的水土流失和防治效果实施监测控制。利用监测控制的方式能够更全面地了解和掌握水利工程水土流失可能出现的位置尧强度和具体特征，进而可以及时制定出科学有效的防治对策，为水土保持工作提供防治预案，尽可能地为水土保持工作作出贡献。其二，在水利工程建设管理过程中，必须要有具备资质的监理机构，对相关水土保持对策和工程建设时可能存在的水土流失情况进行监控。

因地制宜选择水土保持措施类型。水利工程建设项目中的水土流失类型主要是点状和线状，因此，在治理区域内，需要根据不同地块，通过土地适宜性评价，因地制宜地采取不同措施。工程措施、生物措施不能互相取代。它们各自具有特有的功能，同时又可形成一个有机的整体，以求获得最佳的水土保持效益。水利工程建设项目开挖区、回填区、弃渣场、临时生活区等采用工程、可生物措施，增加地面植被覆盖，提高土壤抗蚀力，防治水土流失，建立良好的生态环境。

（六）施工过程中的水土流失综合治理

水利工程中的蓄水、引水、堤防等工程在施工过程中人为破坏原地表植被，改变坡形、沟床，施工中往往因主体工程的进展而被忽视。施工过程中的挖方区，为防止坡地水土流失。可设置截流沟、排水渠等工程措施；设置挡土墙和抗滑桩可以防止可能引起的滑坡、泥石流等重力侵蚀的发生。在回填区，注意坡形整理，并辅以林草措施，可以防止施工期间可能引起的风蚀、水蚀等侵蚀。在水利工程施工征占耕地、林地上，对临时占用的耕地、林地，在施工期间注重防护，在退场前应加以整理、补植；对工程中的弃渣，应尽可能供应水土保持设施使用。在沟道内筑建淤地坝、谷坊等治沟工程，在施工导流临时工程中应尽可能根据当地水文条件设置，防止对边坡引起的淘涮。在临时生活区，应该加强管理，提高环保意识，防止生活污水的排放而污染农田。

总而言之，对水利工程水土保持工作的研究探讨是很有必要的，需要相关的项目参与单位以及人民群众、政府部门等都能积极参与进来，共同实现水利工程水土保持的治理和监督工作。只有不断做好水利工程中的水土保持工作，才能够更好地实现国民经济与社会的可持续发展。

第三节　水利工程对环境的改善作用

一、减轻水灾旱灾，保障生产生活

当发生水灾时我们要想到旱灾发生的可能，当发生旱灾时也不要忘记会发生水灾。水灾和旱灾的转化根本就是地面水源的变化，水多了就会发生水灾，水少了就会发生旱灾。调节地面水源多少就是控制灾害发生的关键，这一点我们现在是可以做到的。我们为什么要修水库，就是要调节地面水源，现在把这种调节改在地下进行，就可以解决问题。这种地下工程在以前是不可能的，我们没有这样的力量和技术，随着国力增强和技术进步，现在完全可以进行这一工程。

地下水利工程。地下水利工程不是简单地挖一个地下水库。防灾地下水利工程应该是结合我国水系进行的一个地下工程，就是在我国现有河流的水文地质调查的基础上，建造一个以长江等主要入海的大型河流相似的地下工程。人要善于学习，才会有进步。人们说日本人是最具有生存危机感的国民，他们要在不大的国土上建造生活的家园，他们时刻开动脑筋解决问题。日本人在这一点上做得很好。电视上播放过一个日本东京的地下工程纪录片，是日本人为了解决东京的水灾而修的地下排水设施，是用钢筋水泥建造的一个几十米高、几十米宽的地下排水通道，当遇到水灾时大水将通过地下排水通道直接排到海里，减少了城市被水淹的可能。在地下河工程上，日本人已经先一步尝试成功，这样的工程看来不是不可行。我们是否可以借鉴日本的经验，结合我国的实际情况，从根本上解决水灾和旱灾的问题。日本人是将大水全部排到海里，没听谁说日本缺水，可能他们四面都是大海不缺水。我们是不应该把水全部排到海里的，我们应该留住宝贵的水源。

建造地下长江排水防灾。我国地大江河多，但是有入海口的大河一般会有许多支流汇入其中，以这样的大河为主修建并行的地下河道工程用于防治水灾，把地下河道工程与主要河流连接，用闸门控制，在水大时把地面河流的水源引入地下河道，可增加排水量,确保地面河堤的安全和城市的安全。长江有6300 km,珠江有2000km,这两大江的流动期间有许多河流汇入其中。如果有巨大的地下河道协助通往大海的排水,沿岸城市乡村就不会因水大而闹水灾。建设地下水网,把支流和支线地下河道连接,地下支线河道又和地下主河道连接,减少地面支流发生水灾的可能。同时还有原来地面水库相互配合解决水灾和旱灾问题。

地下河道同时也是地下水库。日本的地下河道是用来排水的,我们建的地下河道同时要具备存水功能。在地下河道中每隔100km修建一道坚固的拦水坝,以日本的地下水道米高60m宽为例算,如果在每100km修建一道40m高的拦水坝,超过40m的水源可以排向大海,40m以下可留下不少水源。上千公里的地下水道可以修更多的拦水坝,留下的水源就更可观了。根据不同的地段设立地表水源提取站,建立输油管道一样的水源输送管道,可确保旱灾时一定的地下水源供应,如果地下支线水道也同样储存水源,形成地下大型储存水网,宝贵的水源就不会在水大时白白流失,旱灾时没有水用。这样的工程最大的好处就是符合水源的地下保存特性,减少蒸发。需要解决的问题是水质的保护和提取使用时的安全。

(一)我国洪涝灾害的成因

我国幅员辽阔,各地气候、地形、地质特性差异很大。如果沿着400毫米降雨等值线从东北向西南画一条斜线,将国土分作东西两部分,那么东部地区的洪涝灾害主要由暴雨和沿海风暴潮形成;西部地区的洪涝灾害主要由融冰、融雪和局部地区暴雨形成。此外,北方地区冬季可能出现冰凌洪水,对局部河段造成灾害。暴雨洪水是我国洪水灾害的最主要来源。我国大部分地区在大陆季风气候影响下,降雨时间集中,强度很大。全年降雨量,除新疆北部和湖南南部以外,绝大部分地区50%以上集中在5月至9月。其中淮河以北大部地区和西北大部,西南、华南南部,台湾地区大部有70%~90%,淮河到华南北部的大部分地区有50%~70%集中在5月至9月。在我国东部地区,有4个大暴雨多发区:

东南沿海到广西十万大山南侧,包括台湾和海南岛,24h暴雨量可达500mm以上。

自辽东半岛,沿燕山、太行山、伏牛山、巫山一线以东的海河、黄河、淮河流域和长江中下游地区,24h暴雨量可达400mm以上;太行山东南麓、伏牛山东南坡曾有600~1000mm或者更多一些的暴雨记录&

四川盆地,特别是川西北,24h暴雨量常达300mm以上。

内蒙古与陕西交界处也曾多次发生大暴雨。高强度、大范围、长时间的暴雨常常形成峰高、量大的洪水。在东部地区,有73.8万km^2的国土面积地面处于江河洪水位以下,有占我国40%的人口、35%的耕地、60%的工农业总产值受洪水严重威胁。

然而，这些地区为了发展农业，扩大耕地，修筑堤防，围湖造田，与水争地，从而洪水的排泄出路和蓄滞洪场所不断受到限制，自然蓄洪能力日趋减少和萎缩；加上山丘区土地的大量开垦利用，山林植被的破坏，以及居民点、城市、交通道路的形成等，都不断改变着地表状态，使洪水的产生和汇流条件不断发生变化，从而加重了洪水的危害程度。

（二）洪灾的危害

在各种自然灾害中，洪涝是最常见且危害最大的一种。洪水出现频率高，波及范围广，来势凶猛，破坏性极大。洪水不但淹没房屋和人口，造成大量人员伤亡，而且还卷走居留地的一切物品，包括粮食，并淹没农田、毁坏作物，导致粮食大幅度减产，从而造成饥荒。洪水还会破坏工厂厂房、通信与交通设施，从而造成对国民经济部门的破坏。21世纪以来，世界各国曾先后发生过近40次特大洪涝灾害，每次都导致上万人的死亡和千百万人的流离失所。在近几十年中，洪涝发生频次与灾害损失都在逐年增加。我国自古就是洪涝灾害严重的国家。据不完全统计，在从公元前206年到1949年的2155年间，共发生较大水灾1092次，死亡万人以上水灾每5年即出现一次，这种局面到现代尚无根本的改变。洪涝灾害不但直接导致人员伤亡和财产损失，还造成一系列其他灾害如滑坡、泥石流、疫病的出现。

（三）防洪措施

防洪工程措施。工程措施是指利用水利工程拦蓄调节洪量、削减洪峰或分洪、滞洪等，以改变洪水天然运动状况，达到控制洪水、减少损失的目的。常用的水利工程包括河道堤防、水库、涵闸、蓄滞分洪区、排水工程等。

第一，修筑堤防，约束水流。河道是排泄洪水的通道。提高河道泄洪能力是平原地区防洪的基本措施，修筑堤防是这一措施的重要组成部分。堤防在防洪中的作用是：约束水流，提高河道泄洪排水能力；限制洪水泛滥，保护两岸工农业生产和人民生命财产安全；抗御风浪和海潮，防止风暴潮侵袭陆地。

第二，兴建水库，调蓄洪水。水库一般是指利用山谷建造拦河坝，拦截径流，抬高水位，在坝上形成蓄水体，即人工湖泊。在平原地区，利用湖泊、洼地、河道，通过修筑围堤和控制闸等建筑物，形成平原水库，如我省的板桥水库。我省已建成的大中型水库达900余座。许多河道受洪水的严重威胁，如不修建水库是无法解决的。不少中小河流及其下游的城市，也必须有水库的调节控制，才能保证防洪安全。

第三，建造水闸，控制洪水。水闸是一种低水头水工建筑物，它的作用既能挡水，又能泄水，按其防洪排涝作用可分为：

（1）分洪闸。它是分泄河道洪水的水闸。当河道上游出现的洪峰流量超过下游河道安全泄量时，为保护下游重要城镇及农田免遭洪灾，将部分洪水通过分洪闸泄入预定的湖泊洼地（蓄洪区或滞洪区），也可将洪水分泄入水位较低的邻近河流。

（2）挡潮闸。它是设于感潮河流的河口防止海潮倒灌的水闸。涨潮时，潮水位高于河水位，关闸挡潮；汛期退潮时，潮水位低于河水位，开闸排水在枯水期闸门关闭，既挡潮水，又兼蓄淡水。

（3）节制闸。它是调节上游水位，控制下泄流量的水闸。天然河道的节制闸也称为拦河闸。枯水期，关闭闸门抬高上游水位，以满足兴利要求；洪水期，开闸泄洪，使上游洪水位不超过防洪限制水位，同时控制下泄洪水流量，使其不超过下游河道的安全泄量。

（4）排水闸。它是排泄洪涝水的水闸，一般是指洪涝地区向江河排水的水闸。当外河水位高于堤内水位时，关闸挡水，防止河水倒灌；当堤外江河水位低于堤内洪涝水位，开闸排水，减免洪涝灾害损失。

（四）利用蓄滞、分洪区，减轻河道行洪压力

大江大河中下游两岸常有湖泊洼地与江河相通，洪水期江河洪水漫溢，这些湖泊洼地起了自然滞蓄洪水、降低河道水位、减轻洪水对下游威胁的作用。为了更有效地利用沿岸湖泊洼地调蓄稀遇洪水的作用，现在许多流域都有计划地用围堤将大部分沿岸湖泊洼地与河道分开，建成为蓄滞、分洪区。在水位到达一定高度时采取自流分洪、水闸控制分洪或人为开口分洪等措施，以临时蓄、滞洪水，减轻河道的行洪压力。

（五）建立排水系统

排除洪涝积水排涝工程有自排工程和机电排水工程两类。

自排工程。自排工程也就是自流排涝工程，它主要为河道及排水沟。可选择地势较低的江河、湖泊作为自排的容泄区。机电排水工程。洪涝积水无法向容泄区自排时，就需要在适当地点修建排水站，利用机电进行排水。沿江沿湖圩区，在遇到雨涝时，一般都采用自排与机电排相结合进行排涝。机电排水工程。洪涝积水无法向容泄区自排时，就需要在适当地点修建排水站，利用机电进行排水。沿江沿湖圩区，在遇到雨涝时，一般都采用自排与机电排相结合进行排涝。

（六）农业水利工程的建设是促进农业生产发展、提高农业综合生产能力的基本条件

农业是第一产业，民以食为天，农村生产的发展首先是以粮食为中心的农业综合生产能力的发展，而农业综合生产能力提高的关键在于农业水利工程的建设，在一些地区农业水利工程建设十分落后，已经成为农业发展的瓶颈了。加强农业水利工程建设有利于提高农民生活水平与质量。社会主义新农村建设的一个十分重要的目标就是增加农民收入，提高农民生活水平，而加强农村水利工程等基础设施建设成为基本条件。例如，可以通过农村饮水工程保障农民饮水安全，通过供水工程的建设，可以带动农村环境卫生和个人条件的改善，降低各种流行疾病的发病率。加强农业水利工程建设可以促进农村生态环境的改善，促进生态文明是现代社会发展的基本诉求之一，建设社会主义新农村也要实现村容整洁，就必须加强农业水利工程建设，统筹考虑水资源利用、水土流失与污染等一系列问题及其防治措施，实现保护和改善农村生态环境的目的。水利是现代农业建设不可或缺的首要条件，是经济社会发展不可替代的基础支撑，是生态环境改善不可分割的保障系统，具有很强的公益性、基础性、战略性。加快水利改革发展，不仅事关农业农村发展，而且事关经济社会发展全局；不仅关系到防洪安全、供水安全、粮食安全，而且关系到经济安全、生态安全、我国安全。要把水利工作摆上党和国家事业发展更加突出的位置，着力加快农田水利建设，推动水利实现跨越式发展。

二、提供清洁能源，减轻环境污染

水利工程是以防洪、发电、灌溉、供水等为目标的除害兴利的综合性工程，具有显著的社会经济效益和环境效益，但在兴建过程中难免对区域原有的自然环境和生态平衡产生一定的影响，应引起高度重视，牢固树立人与自然和谐的生态工程理念，坚持科学的发展观，严格遵守自然经济规律，采取行政、法律、科技、经济等手段，在开发中保护，在保护中开发，切实加强工程施工期间的环境管理。把生态环境保护融入工程的规划、设计、施工、运行及管理的全过程，保证工程在取得经济效益和社会效益的同时，减少环境污染和生态破坏，维护河流健康，实现人与自然的和谐共处。

（一）水力发电是获得自然再生的清洁能源的工程

水力发电是获得自然再生的清洁能源的工程，这是认识、评价、研究、使用水能资源的根本和基础，是近200年来全人类的共识，是任何求真务实的人都无法否定的。在个别水电站的规划、设计、施工、管理中存在缺点和失误是难免的，而只从局部、个别的缺失就否定全局是不利于发展的，更何况指出所谓缺点和失误的言论是否真正站得住脚还值得推敲。

地球之所以发展进化有人类，是因为表层岩石圈、水圈、大气圈和生物圈的形成，大气和水的循环是一切生命的来源。资源大多数储藏在岩石圈和生物圈里，岩石圈中的资源大多是不能再生的，能有规律再生的主要是由于有大气的水文循环作用。水能存在于可再生的水量和出现在适宜的地势可形成较大落差的环境之中，要形成能量和电力，要靠人类的近现代科学技术去开发应用。国家有幸，这样的资源蕴藏量最丰富之处在中国的大地上。我国水能资源长远集中的地区主要在西南，现正值经济发展中能源最紧张而困难的时代，以及达到具有成熟的科技和经验的时代，因此，对西南地区水能资源的开发必然被世人瞩目，多方议论是不奇怪的。

（二）水力发电清洁能源与环境防污保护的一致性

水力发电的基地必是高山深河地区，也必是矿物资源的储藏地和某些特殊生物或生物品种的栖息地，也大多是自然界壮丽奇特的"山水"景物，因此也必是矛盾交织复杂的领域。越是经济、文化进步发达之地，越是各方发展的必争之地，就更是科学技术前沿发展提高的研究创造更新的目标。阻碍其正确前进是不可能的，需要对全局进行权衡分析，统筹取舍。

也许有人偶尔见到水电站规划筹建地域附近有些淘金、掘药之类狼藉遍野的现象，既与水力发电无关，也说明该地域往往不是原始自然值得保育而早已被人破坏之处。对于环境污染问题的思考分析，有几点必须论定：水利工程本身从未是污染的肇事者，但水确实是污染物传播的重要载体。水利事业是污染最大的受害者，特别是工业污染、农业污染和生活污染。完全是被动受纳，因为水受污染实际就会大量减少水资源，同时降低了水质也就减低了水的功能。至于自然灾害如泥石流、挟带泥沙等，则是水利科学技术研究应对的任务。污染从来不是水利的过失，但防治污染是水利工作者和水利机构应尽的责任。不仅有责任研究并指导水利工程科学技术，还应该积极提出促进经济和法律治理污染的意见和举措。

水力发电属于一种工业，其产品就是电力，操作的是机械，驱动源是由上游落向下游的水，电能开发而水量并未丢失。与煤炭、石油和核能发电等方式相比，水能是明显的更清洁的能源。

在近两年石油价格飞涨的形势下，全世界特别是发达国家都加强了对石油寻求替代能源的研究，途径多样，主要是太阳能、风力发电、氢能等，正如我国专家、报刊所提出的一样。这是正确的。氢能当然有重大的发展前途，但在工业技术上付诸实践还难以救急，其大规模应用也还在一定遥远的阶段以后；太阳能和风能国家在20世纪50—60年代也已努力研制实验甚至生产应用，有相当业绩，但和近年发达我国在当前形势下的动作和进步程度相比确实还落后了一大步。但是国际研究发展的目的主要是为了替代石油，也可部分替代火电和核电。目的放在替代水力发电的说法，恐怕只会一时见之于我国的报刊。

国际这类研制的目标有两个方面：一是降低价格，二是减轻大气污染，特别是大气二氧化碳等对全球气候的影响，如产生酸雨、气候变暖、海水位上涨等。

太阳能、风能和水能同样是再生性的清洁能源，但与水力发电建设的性质有区别。太阳能是永恒的但也随时间、气象而变化，黑夜、阴雨不能发电；风力则是天有不测风云。水量主要靠降雨，虽然具有随机性，但水量是可以积聚的，水力发电也可以人为控制。太阳能和风能与水能相比，最主要和重大的区别在于它们是分散的。美国现今部分大风车规模迅速增大，风力发电机有比旧机高大10倍的，但毕竟其出力还不能与一个中型水力发电站相比。某些发达国家设想组成风力发电电网，但问题很多，迄今未实现，远不能与火电、水电、核电相比。只有太阳能在生活用电、风能在农业用电上可起到辅助的作用。联合国有帮助第三世界推广风力发电技术的行动和计划，但仍难以形成强大的电网。

水能资源是我国最丰富的能源资源。总量世界第一，人均也能接近世界平均水平（按经济可开发水能资源为91%），而平常经常提到极为丰富的煤炭资源人均约为世界平均水平的55%，石油资源人均达不到世界平均水平的10%。水电能源是我国现有能源中唯一可以大规模开发的可再生能源，煤炭、石油都是不可再生的。水电能源考虑的时间段越长，其总量越大。按常规能源再使用100年考虑，我国经济可开发水电能源折合标准煤507亿t。而中国煤炭剩余可采储量为950亿t，折合标准煤678亿t，而煤炭又是重要的化工原料，若按80%用于能源，折合标准煤542亿t。因此，我国的能源资源中，水电能源和煤炭能源处于大体相同的水平。由于水电能源是可再生能源，越早开发越好，如果50年内不开发，就等于浪费了1/2的水电能源，按经济可开发计为254亿t。而煤炭不开发则能继续保存。

其他能源，如核能、风能、太阳能、生物质能都是今后发展的方向，但由于技术、经济等方面的原因，即使大力发展，核能、风能、太阳能、生物质能加起来在发电能源中也不可能超过15%。而水电可以占到25%～30%。因此，在今后20～30年中，水电将继续在我国能源结构中处于第二的位置。

三、生态环境

水利工程在保障社会安全、促进经济发展方面发挥巨大作用的同时，也造成了河流生态系统的退化和破坏。运用生态工程的理论和方法，设计和建设既满足人类社会开发利用水资源的需求，又兼顾水生态系统健康与可持续利用的水利工程，生态水利工程应运而生。传统水利工程引发的环境问题近30年来受到广泛的关注，其主要原因是传统水利工程引发了一系列的生态和环境问题。

（一）自然河流的连续性遭到破坏

河流上建设的大坝切断了河流廊道的横向联系，造成自然河流的非连续化。大坝将河流拦腰斩断，改变了河流的自然状态，阻断了鱼类的洄游路线，淹没了河流原始地貌，引水式电站还造成坝后脱水段，河流的生境被严重地破坏；堤防和防洪工程的建设将河流与其密切相关的漫滩、泡沼、湿地的横向和纵向联系切断，导致它们形态和功能的改变。自然河流纵向和纵向连续性的改变和破坏，导致河流生态环境的改变和恶化，引起河流生态系统的退化。

（二）自然河流形成

自然河流形成的蜿蜒曲折与深潭、浅滩等，不仅提供了河流形态的多样性，也提供了生境的多样性，为河流生态系统的稳定创造了条件。河道的渠系化、直线化，蜿蜒曲折的自然河流被改造成平直的人工渠道或渠网，自然河流所特有的急流、浅滩、深潭、沼泽等河流形态消失，完全被硬质护坡或混凝土材料取代，多样性的河流生态系统逐渐消失。

（三）淹没耕地、引发大量移民

水库和电站的建设不可避免地要占用和淹没大量的土地资源。水利工程的建设还迫使大量受影响地区的居民迁移，如果处理不当，不仅引发社会为题，也增加了迁入地区的生态保护的压力，出现新的环境问题。

（四）跨流域调水，给生态系统造成重大损害，甚至产生灾难性的后果

由于跨流域调水打破了河流水系的自然格局，可能出现超量调水、超量用水的情况，给调水河流水文情势和水生态环境带来改变；同时，长距离输水的人工河流沿途土壤盐渍化、沼泽化问题，也可能出现，以及受水区引发水生态问题，在以往的跨流域调水工程中均不同程度地得到一些失败的教训。

（五）构建与生态友好的水利工程技术体系

发展生态水利工程学，需要鼓励多学科的合作与融合；需要积极借鉴发达国家的经验。立足自主创新，同时还要不断改进工程规划设计理念和技术，在工程示范

和实践的基础上提升理论，总结技术标准和规范，探索、发展与生态友好的水利工程技术体系。在设计过程中，要提倡科学家、管理者和当地居民及社会各界的广泛参与，通过对话、协商，寻求共同利益。

1．两种对立的理论

在国际资源与环境研究领域有两种对立的理论，一种称为资源主义，主张最大限度持续地开发可再生资源。另一种称为自然保护主义，其主要观点是对于自然界中的尚未开发区域，反对人类居住和进行经济开发。资源主义强调了满足人类经济发展的重要性，却忽视了维护健康生态系统对于人类利益的长远影响。而保护主义虽然高度重视维护自然生态系统，但是反对一切对自然资源的合理开发利用，其结果往往会脱离社会经济发展的实际而成为空洞的观点。反对建设大坝，主张一律拆除大坝的观点，就属于这一类。实际上，人类社会生活离不开水库大坝，离不开水利工程。比较现实的思维方法是：如何在既满足人类社会经济需求又保护生态系统健康二者之间寻找适当的平衡点，实现可持续发展的目标。

如果简单地反对一切大坝建设，主张大范围地拆坝，肯定脱离了社会经济发展实际，是一种因噎废食的观点。相反，回避大坝给生态系统带来的胁迫问题，忽视对于生态系统的补偿，无疑会给人类长远利益带来损害。世界上不存在百利而无一害的工程技术，权衡利弊，趋利避害是辩证的思维方法。实践表明，大坝对于河流生态系统的负面影响，可以通过工程措施、生物措施和管理措施在一定程度上避免、减轻或补偿。寻找相对优化的技术路线是解决问题的合理思维方式。

2．生态工程学的发展沿革

面对河流治理中出现的水利工程对生态系统的某些负面影响问题，西方工程界对水利工程的规划设计理念进行了深刻的反思，认识到河流治理不但要符合工程设计原理，也应符合自然原理。

20世纪80年代阿尔卑斯山区相关国家——德国、瑞士、奥地利等国，在山区溪流生态治理方面积累了丰富的经验。莱茵河"鲑鱼-2010"计划实施成功，提供了以单一物种目标的大型河流生态的经验。90年代美国的凯斯密河及密苏里河的生态修复规划实施，标志着大型河流的全流域综合生态修复工程进入实践阶段。

近20年来，随着生态学的发展，人们对于河流治理有了新的认识。认识到水利工程除了要满足人类社会的需求以外，还要满足维护生物多样性的需求，相应发展了生态工程技术和理论。河川的生态工程在德国称为"近自然河道治理工程"，提出河道的整治要符合植物化和生命化的原理。在日本称为"多自然型建设工法"或"生态工法"。美国称为"自然河道设计技术"。一些国家已经颁布了相关的技术规范和标准。

3．如何借鉴国际经验

尽管发达国家在河流治理生态工程学方面已经积累了不少经验，但是其理论和技术方法目前正处于发展阶段。我国可以借鉴发达国家的经验，但是不能照搬，原因是自然条件不同，经济发展阶段不同，需要结合我国国情进行河流生态治理。另外，发达国家水资源水能开发已经基本完成，而我国正处在水利水电的建设高潮。新建工程要吸取发达国家的经验教训，改进工程规划设计理念和技术，探索、发展我国自己的与生态友好的水利工程技术体系。

（六）生态水利工程的基本理念、内涵和研究内容

水利工程引发的生态问题，迫使人们对传统水利工程的规划设和运行管理进行反思，促进了水利工程和生态工程的结合，从而提出了生态水利工程的概念。

1．生态水利工程的基本理念

尊重自然的理念。自然河流形成的河流地貌和形态是河流长期发展与演化的结果，也是河流与周边环境相互作用，逐渐形成的平衡状态。河流地貌与河流形态的外在稳定，保证了河流生态系统的平衡与稳定。因此，生态水利工程秉承尊重自然的理念，在规划设计和建设中尽量保持河流地貌和形态的自然状态，20世纪80年代世界上一些发达国家进行的河流回归自然的改造，以及"亲近自然河流"的提法、"多自然河川计划"，就是基于这样的理念，拆除以前在河床上人工铺设的硬质材料，在保证防洪的前提下，修建生态河堤，恢复河岸边植物群落与河畔林，重塑河流生态环境，使受损的河流生态得以修复。

人类与生态共享水资源的理念。水不仅是人类生产、生活不可或缺的自然资源，也是维护生态系统健康、保障生态平衡必不可少的生态要素。水是生物生存的重要条件，是生物体的主要组成部分。人类和动植物的依存关系不言而喻，要维持人类的生存，就要维护好地球上生物的生存，树立与生物共享水资源、与生态共享水资源的理念，在满足人类用水需求的同时，也要保证维护生态健康用水量。

2．可持续发展的理念

可持续发展概念，是人类在总结自身发展历程之后，提出的新的发展模式，就是在保持自然资源的质量和可提供的服务前提下，保护和加强环境系统的生产和更新能力，使人口、资源、环境协调发展。水资源是人类生存环境最重要的基本要素，水资源的开发和利用必须遵从可持续发展的理念，其内涵包括保护水资源的承载能力，优化水资源配置和强化水资源管理，即水资源的开发不能超过水资源自身的承载能力，就是指水资源总量不因时间的推移而减少、水质和水环境保持良好状态情况下的水资源开发；有限的水资源在工农业生产用水、生活用水和生态用水之间实

现最佳分配，使水资源本身、生产结构布局以及社会经济发展战略之间的互动和协调，最终达到一种大体上的平衡；建立一套高效科学的水资源管理模式，为水资源的可持续利用提供体制上的保障。

3. 依靠自然恢复能力的理念

生态工程所涉及的生态系统和自然界自我设计与自我完善的概念主要是指生态系统的自我调节与反馈机制，也就是使生态系统具有适应各种环境变化，并进行自我修复的能力，以此保证生态系统功能发生最低程度的变化。生态水利工程从本质上讲是一种生态工程，和传统的水利工程设计相比，生态水利工程设计是一种"指导性"的设计，或者说是辅助性设计，设计师必须放弃控制自然的动机，要依靠生态系统自设计、自组织功能，辅以适当的人工干预，由自然界选择合适的物种，形成合理的结构，从而完成设计和实现设计。

4. 生态水利工程的内涵及其研究内容

生态水利是把人和水体置于整个生态系统中，研究人和自然对水利的共同需求，从生态的角度出发进行水利工程建设，建立良性循环和可持续利用的水利体系，从而达到可持续发展以及人与自然和谐的目的。生态水利工程的研究内容主要包括：

水循环与生态系统：利用水文学和生态学的原理研究流域生态系统；分析水文情势变化与生态系统演变之间的内在规律；确定水环境条件变化对生态系统的影响；模拟水资源与生态系统各要素之间的相互关系。生态水利规划与设计：研究流域生态系统对人类干扰的最大承载力，结合生态环境建设，提出符合生态安全的水利建设规划与设计方案。

生态水利规划涉及水资源、环境、生态和水利等多个学科，在规划过程中，强调运用各学科的综合知识，实现水资源的持久利用。

水利工程的生态效应：在研究水资源开发、利用、保护、管理、经营和生态环境之间的相互关系基础上，提出水利工程建设产生的累积生态学效应的评估和预测方法、指标体系。建立生态系统修复和重建的技术和工程方案。生态水利强调以预防和保护为目标，采用工程和非工程相结合的措施，恢复已退化的流域生态系统。

生态水利系统管理：研究生态水利系统的监测、评价方法，建立流域生态安全的决策支持系统和预警系统。提出满足生态安全的优化调控与管理措施。

（七）生态水利工程建设的必然性

生态型水利工程建设，是水利建设发展到一种相对比较高级的形态的必然结果。水利建设发展历来是与农业生产发展密不可分，并为之服务的。我国的农业经历了多个发展阶段，从低级的吃饭农业发展到温饱农业；由温饱型向综合发展的小康式的农业，又发展到种源、生态、装备的现代化农业。水利也存在不同的发展阶段，从单纯为农业特别是粮棉生产服务的温饱型农田水利，发展到为农村经济全面发展服务的"小康型"农村水利，又发展到综合型的农村水利。每个发展阶段对水利建设与河道整治的目标和方式也是不一样的。

20世纪80年代以前，我们注重的是水利工程建设，而很少考虑水利.工程与自然的协调，由于思维定式的作用，水利工程的方式似乎已经定格成为模式。自改革开放以来，我国水利工程有了新的发展，但随之而来又出现了一个新的问题，追求豪华洋派，硬质工程、政绩工程比比皆是，投资规模日益庞大，水利工程出现了新的"硬伤"。于是，生态型水利工程建设成为社会关注的新问题。

21世纪初，我国提出了水利要从工程水利向资源水利转变，从传统水利向现代水利转变，资源型水利工程应当是生态的。生态型水利工程建设更多地强调水土保持生态建设的重要性，在水利建设中对工程做到江河不能断流，堤防不决口，河床不抬高，水质不恶化。注重生态河流具有自我修复能力。

生态型水利工程建设，是现代社会人类渴望回归自然、渴求人与自然和谐相处的迫切要求，是当前水景观建设的最简单直接、自然生动的客观反映，生态型水利工程本身就是一种景观。水景观建设是与城市的现代化相联系且密不可分的，是城乡一体化水利建设中体现水环境的重要方面。现代城市概念不再以高楼林立、交通便捷、经济发达、商业繁荣为唯一指标，应当体现生态、人文、活力。水是一座城市的历史，是生命之源、是资源、是财富、是生机、是文化、是景观，是城市文化底蕴和文明素质的象征。从一定意义上说，建设生态型水利工程，就是在建设体现人文关怀的充满生机和活力的城市和农村。

生态环境恶化是当代人类面临的重大的全球性问题之一，随着人类对自然资源开发利用程度的提高，迫使我们追溯和反思，如何在改变原有生态环境的情况下由不平衡再到新的平衡，采取适宜措施，来解决问题。迄今为止，人类在地球上修建的水利工程无外乎两大类，即蓄水库和跨流域调水工程。它们的实质都是为解决水资源的时空分布不平衡问题。

在我国，对生态影响最大的莫过于蓄水库。从表面上看，它们都是为了解决水资源不足或充分利用水资源，但如果深入研究，却发现其中对社会、环境的潜在影响是巨大和复杂的。简言之，其影响包含直接的或间接的、短期的或长期的、诱发的或积累的、一次的或两次的等因素。所有这些影响，都会打破原有的生态平衡。

（八）水利工程的投入对我国生态平衡的影响

1. 积极影响

跨流域调水工程会解决"调水地区"易遭洪水威胁的灾害问题，挽救地区性生态危机。例如，苏联的北水南调等工程除工农业用水之外，还可缓解里海水位下降而引起的生态环境恶化。我国的南水北调工程，将会很好地缓解因南涝北旱所带来的生态环境恶化问题。大型蓄水库（如我国的黄河小浪底工程）既能防沙除涝，又能增加库区空气湿度，改善其周围绿色植被的生长。例如，苏联的中亚和哈萨克的沙漠，由于调入了大量的水，部分地区已变成繁茂的绿洲。优化水质，减少水污染和下游河道的泥沙淤积。

2. 消极影响

诱发地震。由于大量水体的聚集，会使库区地壳结构的地应力发生变化，为诱发地震创造条件。输水渠道两岸由于渗漏，使地下水位抬高，造成大面积土壤次生盐碱化、沼泽化。高边坡地区还会因土壤含水过高而引起滑坡或泥石流。对调出水地区生态也有不利影响。例如，苏联的北水南调工程造成原流入喀拉海的淡水量和热量减少，西伯利亚大片森林遭破坏，风速加大、春雨减少、秋雨骤增，严重影响农业生态环境。打破了原有水系内生物的生活环境，严重的会造成灭绝或打破了原有的生态平衡系统，使食物链遭到破坏，可能引起瘟疫等灾难。对生物、水文、水温等其他不利影响。大型水利工程改变了原有水文条件，影响了地下水质和水温，造成居民的迁徙、集中，加快城市扩展，导致可用耕地日趋减少。

四、改善水质状况和供水条件

水乃生命之源，人类生存的各个方面都无法离开水而独立存在。近年来，随着我国经济的迅速发展和人民生活质量水平的不断提高，人们对各种生活物资及相关基础设施的质量要求亦不断提高。而在这其中，水质质量的提升备受关注，改善水质，提供健康安全饮用水的呼声不断高涨，水质改善刻不容缓。为此，对水利工程改善水质的有效措施进行了浅要分析。

良好的水质供应关系到广大人民的切身利益，也是我国实现现代化进程的必要条件。自改革开放以来，为让广大人民喝上放心、安全的水，我国各级政府均不断投入大笔资金进行城乡供水设施的建设，并采取诸多措施加强水质改善。但自改革开放几十年以来，我国饮用水源的污染问题一直未能得到根本改善，甚至有加剧的趋势。水质问题始终困扰着政府和广大人民群众。本书就我国现有水质状况进行简单分析并对给水工程改善水质提出几点建议。

（一）我国当前供水水质现状

根据水利部近年来发布的相关数据显示，我国饮用水水源水质污染较2000年以前虽有所改善但仍然十分严峻。各地供水企业通过技术改进、加强管理等多种手段虽然使我国目前供水水质较以前有了显著提高，但仍然存在以下诸多问题：处理后水质感官性指标不良，色度高、有异臭、异味。原水中存在浓度较大的氨氮，降低了氯的消毒作用。现有的常规处理工艺难以去除原水中的三种物质和有毒有害物质，从而使得饮用水中或单个有机物浓度或有机物总fl超标。湖泊水普遍存在富营养化现象，藻类繁殖旺盛，对供水水质产生威胁。水质污染的减重，导致水净化过程中混凝剂、消毒剂使用量增加，引起水的pH值降低，进而导致管道腐蚀，水质恶化。此外，管道的维护也会导致水质的恶化。人类活动对环境造成污染的同时为病原微生物的繁殖创造了有利条件，其中隐孢子虫和贾第虫就是两种典型的存在于饮用水中的病原微生物。

（二）改善现有水质，提高供水质量的可行措施

1. 改善技术，确保水源净化程度达标

有些水源在受到有机污染物的污染后使用现有的常规处理工艺进行处理后，水质仍会存在很多问题难以达标。对此，我们需要利用先进科技开拓创新，开发新的更高水平的污水处理工艺，确保达到优良水质的净水要求。而对于不具备进行工艺提升条件的水厂，则应在有限条件下尝试改进现有处理工艺，尽可能地缓解水质问题。此外，水源地不同水质也会千差万别，对于处理工艺技术的选择应根据具体的情况有针对性地进行研究和选择，并在净水工艺的选择以及设计中对相关参数预留足够的回旋余地。

2. 对水源地实施生态保护，从源头做起

饮水安全能否得到切实保障的根本因素是能否对水资源进行有效的保护。在国际，欧美国家通常会在水源地的上下分别建立保护区，并在取水口建立自动检测站，在美化环境的同时，对水源地实现切实有效保护。而我国自改革开放以来，实行的是以经济发展为前提的基本国策，生产与污染治理是相分离的，治污采用的是以产品为前提的末端排放达标治理方式。进入21世纪以来，生态系统的修复成为我国的重点关注对象，对于水污染的环境治理开始从末端走向起始，从集中走向集中与分散相结合。这就要求在供水厂的修建时要重视对水源的选择，对所选水源的水质进行全面严格的分析检测；对已建成的供水厂则应在加强对现有水源保护的同时，建立严格的水源水质和环境的检测体系，确保对水源水质的变化获得实时的第一手资料；此外，有关机构还应加大对水源水体修复技术的开发。

3．改善供水管网，保证供水的安全与可靠

目前我国大多数城市的供水管网建设严重滞后，以至于很多自来水公司出厂水可以达到国家标准，却在输送过程中因种种原因导致水质下降。供水管网已成为整个供水系统的薄弱环节，加强供水管网的建设和管理，势在必行。其具体措施有以下几点作为参考：提高出厂水的稳定性，避免因有机物含量过高而导致输送过程中水中微生物滋生，水质下降；加快对老旧管网的改造；大力推广新型管材和新型内防腐材料的应用；积极采用不停水开口技术来取消管道预留口；严格施工管理制度，加强供水管网的维护；建立完备的管网监测系统，加强管网水质在线监测，实现管网水质变化的动态管理；定期排放消火栓。

4．实施分质供水，加大水质标准的考核力度

我国国土面积辽阔，不同地区原水水质差异巨大，且不同地区经济发展水平不平衡。而中国饮用水的卫生标准制定原则是在满足饮水健康的前提下，要保障标准的可实施性。这就要求我国需针对不同地区的水源状况和经济条件等因素制定不同的供水水质标准。此外，我国总用水量中工业用水占55%，而工业用水中的30%可以采用低于生活饮水标准的低品质工业用水标准。针对这种情况各地政府可统筹规划，合理分配有限的资金，加大对居民用水的投入。除此之外，各级政府还应加强对水质标准的考核力度，对于不达标的供水企业及时予以处罚并勒令整改，从而激励供水行业的良性快速发展。

5．利用现代科技，实现供水信息网络的建立和水质净化与输配的全程自动化检测与控制

开发或引进先进技术，通过精密的检测仪器，实现对水质的自动监测与控制并取代传统的人工定期抽样检测和控制是现今保证供水水质的必要手段。而供水企业若缺少发达的供水信息网络，面对自身与外部的巨大信息量，将很难及时发现问题，并整理数据和传递正确指令。因此，通过远水水质预警系统；水厂自动加药系统；沉淀池、滤池以及房等附属设施相关装置的自动监测和控制；计算机供水调度系统等一系列手段，实现水质净化和输配的全程自动监测与控制意义重大。当然，重视自动化的同时还应重视相关净水规章制度和操作规程的完善，培养一批能够适应不同岗位的全能性人才。

（三）水利工程对水质气候的效益

水利工程可以改善水质，还是以我国著名的三峡水库为例，水库可以利用其自身的水库调度功能对水资源加以合理配置，蓄丰泄洪，当枯水期时增加水库的下泄量，从而使河流下游的河道环境显著改善，以改善水质。例如，汉江下游枯水期2

月前后的"水华"现象频繁爆发，通过三峡水利工程的修建后我们可以在2月前后增加河道流量从而有效地控制汉江下游"水华"的爆发。又如，在11月至次年4月长江口易出现盐水入侵现象，因此，也可以采用水库调度手段，增加长江中下游的枯季流量，以抵制咸潮入侵，提高了水质。随着库区水资源储量的增加形成了大量的流动水体，库区内部的空气质量得以日益改善，空气湿度增加，水汽增多。这使得库区局部的降水得以增加，水循环加快，从而改善了库区地区的局部小气候。因此，水利工程对改善水文条件调节局部气候具有很好的生态效益。

（四）农村饮水面临的主要问题

我国现有4.5万个乡镇，大多数乡镇是当地的政治、经济和文化中心，是小城镇建设的重点。改革开放以来，我国乡镇企业一直是以较快的速度增长，对GDP的贡献率越来越大，但目前约有一半的乡镇供水不足，影响了当地经济和社会发展及小城镇建设的进程。目前农村的吃、住、电力、交通普遍得到改善而且在进一步改善，而与农民生活质量密切相关的家庭生活用水发展和改善速度较慢、相对滞后。近几年来，各地通过积极向上级部门争取资金、县镇财政专项补贴、水利资金补助、工业园区反哺、招商引资、联系单位支援、企业捐赠、新农村建设、中心村建设、千村示范、万村整治工程等方法，广开渠道，多方筹资，大力开展农村供水工程建设，投入了大量的人力、物力和财力用于改善农村饮用水状况，但由于受资金、地理环境、人口分布等客观条件的制约，这项工作离群众的要求还有一定的差距，农村饮用水建设仍存在以下几个方面的问题：

1. 水厂建设资金严重短缺

水厂建设一次性投入较大，尤其是乡村标准水厂投资需数百万元以上。水厂建设的资金筹措困难，市场化运作难以实现，受益村经济薄弱，集资困难，受益范围内工商业不兴旺，县镇两级财政紧张，供水工程难以上马，已上马工程也难以为继。目前有300多处小规模简易水厂中，有净化设备的仅占22%，水质定期检测的仅占27%，许多乡镇还都依靠原有的山塘、水库进行自流引水。如要改变现状，需投入大量的资金。虽然对每年投入200万元进行改造，但仍是杯水车薪。

2. 饮用水水质超标问题严重

饮用水质超标问题主要为细菌学超标、锰超标、铁超标、pH超标及浑浊度超标等。其主要分布在沿河一带村寨，大都是受人畜粪便、化肥、农药污染及部分水质矿物质含量偏高所致。例如，绍兴市水务集团下属水质检测中心对新昌巧英乡所属山塘、水库的水质进行了全面的化验，普遍存在细菌学、pH值、浑浊度等常规项目不合格现象，这些不合格水质必须经过净化设备处理才能安全饮用。

3．部分地区供水水源缺乏

一部分山区、半山区，其交通不便，村落分散，相对高差较大，村居住的地理位置高，在村附近找不到理想的可饮用水源。还有因饮水工程跨流域引水引发的矛盾时有发生，因水源问题而发生的大规模冲突，大批村民冲击乡政府。同时，不少饮水工程存在着占用农业用水问题，在干旱期间易引发争夺水源问题。

4．群众生活用水量不足

一些地区至今仍沿用传统的井水进行取水，由于水井没有调节水fi作用，加上遇上干旱时节，水源经常枯竭，致使水量不足。部分村虽安装了简易的自来水或集中供水点，但由于当时限于资金的不足，没有按照供水工程设计标准进行设计，工程设施简陋，工程供水能力差，加之管理不善，蓄水池渗漏严重，用水量严重不足。

5．已建成的村级供水工程存在不足

源水输水管道破损，水资源浪费严重：一些以水库为水源的水厂，水库源水通过明装混凝土管道输送到清水池，混凝土输水管经过几十年的使用已经被严重腐蚀，管壁明显变薄，管道接口处产生明显的渗水现象。管道老化导致渗水，不仅浪费水资源，更可能因雨水通过管道裂缝渗入管道导致管网内水质恶化，引发供水事故。源水未经处理水质不稳定：有些水厂有池没有净水设备，是村级自来水的普遍现象。由于受村经济的限制，无法负担水处理的高昂费用，只能直接使用源水，这样的水中细菌及大肠杆菌的含量往往大量超标，对人们的身体健康非常不利。运行管理落后：一些村的现状自来水，为重力供水形式。各用户自来水进户前基本上没有计量水表，村里无专门管网维修和保养人员，管网建设无统一规划，管网控制阀设置不合理，干管新开口多，管径分配不合理，由于管理落后和水量的不稳定性，自来水的正常供应经常得不到保证。同时因用户不按用水量缴纳水费，水资源浪费现象严重，自来水经营无法按市场规律运作，形成良性循环，制约了社会经济的发展。管材质量差、管网损坏老化严重：原先的自来水管道基本上是PVC管及镀锌管，管网经过长时间的使用，又缺乏有效合理的维护，管网已经严重老化。PVC管过度老化变硬、变脆，接口渗漏现象严重，爆管事故增多，且氯乙烯单体也会析出污染水质：镀锌管则因氧化和原电池作用严重腐蚀，管壁变薄甚至穿孔，渗漏严重。经过多年的应用实践，PVC管及镀锌管因为自身无法克服的缺陷，均已被国家禁止使用于新建的给水工程，取而代之以钢塑复合管、PPR管、PE管等多种新型环保型管材。管网管径偏小、压力低、消防无法保证：现在的自来水管道管径普遍偏小，主管道管径基本上在DN100以下，有的甚至在DN80以下，配水管管径则更是小而长。镀锌管还会因管内锈蚀使过水断面大幅度缩小，在相当程度上降低了管道过水能力。小口径的管道过长也会使管道内的水头损失增大而影响过水能力，同时为了节约运行费

用，清水池的高程也不高，能提供的水压就低，当发生火灾时，消火栓常因无法提供足够的水压而成为摆设。

（五）农村饮水安全工程建设与发展思路分析

农村饮水安全工程作为我国重点民生工程，关系到农民群众的身体健康和经济社会的稳定发展。因此，建设并管理好农村饮水安全工程，不仅能保证农民饮用水资源的安全卫生，还能改善农民的生活条件，提高农民的健康水平。然而随着近几年社会基础建设的急速发展，人们与自然环境之间的冲突不断涌现，其中与民生民计密切相关的农村饮水安全问题成为重中之重。首先，掌握农村饮水安全工程的运行规律有益于为农村水资源问题提供解决思路；其次，农村饮水安全工程问题的发生很可能导致农村水环境的污染，带来更多水资源问题。下面在对农村饮水安全工程现状分析的基础上，从技术工作、建设管理、投资取向三个方面探讨农村饮水安全工程存在的问题及解决思路。

（1）统筹规划，突出重点：要以邓小平理论和"三个代表"重要思想为指导，全面贯彻党的十六大和十六届四中、五中全会精神，坚持以人为本，树立全面、协调、可持续的科学发展观，适应全面建设小康社会的总体要求；以提高农村供水质量、改善农村饮用水条件、加强农村供水基础设施建设、完善农村供水社会化服务体系、保障农村饮水安全为目标，统筹规划，使农民群众可持续地获得安全饮用水，为构建社会主义和谐社会奠定坚实基础。

（2）水源保护与水质净化相结合，防治并重：保障饮水安全，首先要从源头抓起，要保护好饮用水源。要按照《饮用水水源保护区污染防治管理规定》的要求，划定农村规划项目供水水源保护区，加强对水源地周边环境的保护，防止污染，要采取有效措施，保护好饮用水源。今后农村饮水安全工程建设，应根据具体情况，设置必要的水净化设施，向用水户提供水质达标、卫生的生活饮用水。同时，应建立社会化的水质监测服务体系，对供水水质进行监测、提供水质检测服务，完善供水水质保障体系。对适度规模的水厂要设化验室，做好水质的常规检测。

（3）因地制宜，近远结合，合理确定工程方案：根据各地要解决的问题以及当地自然、经济条件和社会发展状况，合理选择饮水工程的类型、规模及供水方式。首先考虑当前的现实可行性，同时兼顾今后长远发展的需要。水源选择应符合当地水资源管理的要求，根据区域水资源条件选择水源，优质水源优先满足生活用水需要。对水源有保证、人口居住较集中的自然村寨，应建设集中式供水工程，并尽可能适度规模，供水到户；建设资金不足、农民收入比较低的自然村寨，供水系统可暂先建到集中给水点，待经济条件具备后，再解决自来水入户问题。居住分散，仅为一户或四五户的小寨，可考虑采用分散式供水工程。

（4）积极引导，多渠道筹资：为解决好群众的饮水安全问题，就必须按照中央、地方和受益群众共同负担，困难大的多补、困难小的少补等原则制订有效的资金筹措计划。按照城乡统筹的科学发展观要求，县、乡两级政府要通过公共财政增加投入，各部门要密切配合，给予一定的扶持引导，确保饮水工程所需资金足额及时到位；从农村现实情况出发，受益农户也要在负担能力允许的范围内，承担一定的投劳投资责任；通过引入市场机制，多方位吸纳社会资金，建立多元化的投入机制；要设立农村饮水安全工程资金专户，做到专款专用。

（5）明晰产权，建立良性的经营机制：农村饮水和乡镇供水工程的运行管理要坚持"谁投入，谁所有，谁受益"的产权与受益政策，建立适应社会主义市场经济和水利建设需要的经营机制，把供水单位建设成自主经营、自负盈亏、自我积累、自我发展、自我约束的独立的法人实体，形成供水建设、运行、管理、发展的良性运行机制。

（6）农村饮水与乡镇供水要实现集团化、规模化经营：从欧洲供水发展过程看，都经过了由遍地小水厂逐步形成集团公司规模经营的过程。实现了规模经营，更有利于水资源的统一调配，有利于提高供水保证率，有利于获得更高的经济效益。更重要的是规模经营有利于发挥集团的融资优势，发展新的供水项目，实现规模效益。例如，英国20世纪70年代末把零散的水厂合并为12个大水厂，并将水厂通过拍卖方式实现私有化，私有化的结果是私人公司管理比自己和政府管理的效益好，供水保证率高，水费标准降低，这是因为公司有融资的优势，在经营供水的同时又从事煤气、供电等高利润产业的经营。目前中国水利行业正在进行一系列的深化改革，如水权、水务等，同时中国基层水管站大量存在，有许多技术、管理优势，有一定的固定资产，但由于受本身业务、规模等的限制，普遍效益差，难以维持发展，如果利用现有水利站的这些优势，打破现行乡镇区划界限，在县域或更大范围内组建一定规模的供水公司或股份制集团，那么对稳定水利队伍，提高供水工程的管理水平，真正实现统一水资源管理，加快农村供水事业的发展，具有重要意义。

（7）建立科学的水价政策和水费征收体系：水价是乡镇供水事业发展的生命线。水价是否合理，直接影响到投资的来源、工程的建设、运行、管理以及滚动发展。目前我国大部分地区水价过低，水费计收困难，已经成为乡镇供水发展的制约因素之一，因此，建立科学的水价政策和水费征收体系刻不容缓。科学的水价政策首先应能保证供水成本的回收，这是维持工程简单再生产所必需的。在向社会筹集工程建设资金的情况下，水价还必须包括税金和利润。另外，水价政策应遵循超额用水累进加价的原则，以经济手段限制用水的浪费。

（8）加强质量监督，确保工程早日发挥效益：农村供水工程是农村重要的基础设施，其质量直接关系到农村居民的饮水安全。农村集中式供水工程的施工，应由水利部门通过招投标确定符合条件的施工单位和监理单位；规模较小的工程，条件不具备时，可由有类似工程经验的单位承担施工。施工前，应进行施工组织设计、编制施工方案、建立质量管理体系，明确施工质量负责人和施工安全负责人，经批准取得施工许可证和安全生产许可证后，方可实施。施工过程中，应做好材料设备、隐蔽工程等中间阶段的质量验收，作好材料设备采购、设计变更验收等记录。施工单位应按设计图纸和技术要求进行施工，需要变更设计时，应征得建设单位同意，由设计单位负责完成。通过层层管理，确保工程持久发挥效益。

（9）严抓建后管理，保证工程良性运行：俗话说"三分建，七分管"，工程能否持久发挥效益关键在于管理。由于农村饮水工程项目多、规模小、分布面广，群众管理观念淡薄，建后管理难度也大。为确保工程长期运行，就必须根据工程类型和规模，按照有利于群众使用，有利于工程发挥效益和有利于水资源可持续利用的原则，明确工程产权和管理方式，落实管理机构和人员，建立用水户参与的自主管理体制。以保障农村饮水安全为目标，以提供优质供水服务为宗旨，建立适应农村经济发展要求、符合农村饮水工程特点、产权归属明确、管理主体到位、责权利相统一、有利于调动各方面积极性、有利于工程可持续利用的管理体制、运行机制和社会化服务体系。建立科学有效的供水水质监测体系，积极鼓励用户参与水质监督，加大公众宣传力度，提高公众信息获取程度和公众的参与程度。积极引导农民建立了农村供水基金会或协会，建立水费收缴专账，实行水费收缴制度，走以水养水之路。由协会对工程设备进行定期检测、维修和保养，充分发挥农民的积极性，保证工程长期运行。

参考文献

[1]李宗尧，胡昱玲．水利工程管理技术[M]．北京：中国水利水电出版社，2016．

[2]倪福全．农业水利工程概论[M]．北京：中国水利水电出版社，2016．

[3]何祖朋，朱显鸽，赵旭升．水利工程施工与造价[M]．北京：中国水利水电出版社，2016．

[4]袁光裕，胡志根．钟登华主审．水利工程施工 第6版[M]．北京：中国水利水电出版社，2016．

[5]栾蓉，王红．水利工程制图 第3版[M]．北京：中国水利水电出版社，2016．

[6]杨波，韩小虎．水利工程测量[M]．北京：中国水利水电出版社，2016．

[7]田明武，梁艺，曾琳，罗敏，潘露，刘艺平，罗光明．高剑飞主审．水利工程制图与AUTOCAD[M]．北京：中国水利水电出版社，2016．

[8]卜贵贤．水利工程管理[M]．北京：中国水利水电出版社，2016．

[9]刘勇毅，孙显利，尹正平．现代水利工程治理[M]．济南：山东科学技术出版社，2016．

[10]芈书贞．水利工程施工组织与管理[M]．北京：中国水利水电出版社，2016．

[1]颜宏亮．水利工程施工[M]．西安：西安交通大学出版社，2015．

[2]祁丽霞．水利工程施工组织与管理实务研究[M]．北京：中国水利水电出版社，2015．

[3]周长勇，杨永振，曹广占．水利工程施工监理技能训练[M]．郑州：黄河水利出版社，2015．

[4]刘百兴，倪锦初，朱卫军．水利水电工程施工组织设计指南[M]．北京：中国水利水电出版社，2015．

[5]刘能胜，钟汉华，冷涛．水利水电工程施工组织与管理[M]．北京：中国水利水电出版社，2015．

[6]梁建林，闫国新，吴伟．水利水电工程施工项目管理实务[M]．郑州：黄河水利出版社，2015．

[7]魏平等．水利水电工程施工技术全书 混凝土工程安全监测[M]．北京：中国水利水电出版社，2015．

[8]李恒山，王秀梅．水利水电土石方工程单元工程施工质量验收评定表实例及填表说明[M]．北京：中国水利水电出版社，2015．

[9]陈金良，邵正荣．水利水电工程造价[M]．北京：中国水利水电出版社，2015．

[10]倪福全，邓玉．水利工程实践教学指导[M]．成都：西南交通大学出版社，2015．